Tropfen

Bauch

Auslauf/
Abstrich

Einführung

Arcade im Kopf

Ein Designer sieht etwas – eine moderne Schrift auf einer CD-Packung oder einen alten VW Käfer. Durch die Augen des Betrachters gelangt das Bild in den Kopf und hüpft dort umher wie der Pinball in einem Arcade-Spiel. Streift dieser virtuelle Pinball die synaptischen Lichter, Klingeln und Apparate, die stets im Kopf eines Kreativen zu finden sind, werden emotionale und künstlerische Impulse ausgelöst. Im Unterschied zu einem echten Flipper-Tisch müssen Sie bei diesem Arcade im Kopf keine Münzen einwerfen, um den Ball ins Rollen zu bringen – es geschieht automatisch und ohne Unterlass.

Das ist in aller Kürze die Prämisse hinter INDEX TYPO-IDEE: die Überzeugung, dass neue Ideen sprudeln, wenn einem kreativen Menschen faszinierende Bilder vor Augen kommen. Im Falle dieses Buches haben alle Grafiken etwas mit Schriften oder handgezeichneten Buchstaben zu tun. Die mehr als 650 Schriftbeispiele auf den kommenden Seiten sollen Ihnen Ideen, Anregungen und Informationen bieten, falls Sie Ihre Fähigkeit erweitern möchte, Themen zu vermitteln, Botschaften zu transportieren und Informationen mittels Typografie und Design zu kommunizieren.

Was dieses Buch nicht ist und was es ist

INDEX TYPO-IDEE ist kein *Wie-*, sondern ein *Was-wäre-wenn-*Buch. INDEX TYPO-IDEE ist – genau wie drei seiner Vorgänger: INDEX IDEE, INDEX LAYOUT und INDEX FARBE – angefüllt mit typografischen Beispielen, die den Betrachter dazu bringen sollen, verschiedene kreative Ansätze für alle möglichen Arten von Design-Projekten in Betracht zu ziehen (in der Art des beschriebenen Arcade-Spiels).

Außerdem ist dieses Buch nicht ausschließlich schriftorientiert. Wenn Sie INDEX TYPO-IDEE durchblättern, dann sehen Sie viele Fotos, Illustrationen, Muster und Dekorationen, die die typografischen Beispiele begleiten und sich in sie einfügen. Wozu dieser erweiterte

Fokus? Nun, echte Layouts vereinen sehr oft sowohl typografische als auch nichttypografische Elemente. Um so praktisch und Designer-freundlich wie möglich zu sein, bietet dieses Buch nicht nur Ideen zum Gebrauch von Schriften, sondern auch zu den Umgebungen, in denen die Schriften präsentiert werden.

Vorschläge zur Verwendung

Hier sind einige Vorschläge, was Sie mit diesem Buch machen können. Befolgen Sie sie, verändern Sie sie, ignorieren Sie sie – ganz wie Sie wünschen. (Es gibt in INDEX TYPO-IDEE keine Regeln oder Befehle – nur Vorschläge.)

Lassen Sie sich von INDEX TYPO-IDEE zu neuen Ansätzen für die Typografie in Ihren Design-Projekten inspirieren. Suchen Sie in diesem Buch nach Ideen, die sich für Ihre aktuellen Arbeiten einsetzen lassen. Lassen Sie jedes Beispiel, das Sie sich anschauen, eine Weile auf sich wirken und warten Sie ab, ob irgendetwas an diesem Beispiel in einen nützlichen Gedanken mündet (ob dieser Gedanke nun direkt mit dem gerade betrachteten Beispiel zu tun hat oder nicht). Notieren Sie sich Ihre Ideen und fertigen Sie kleine Skizzen an. Später können Sie auf diese Notizen und Skizzen zurückkommen, die selbst wieder zu neuen Lösungen führen können.

Wenn Sie INDEX TYPO-IDEE zur Ideenfindung einsetzen, dann beginnen Sie in den Kapiteln und Abschnitten, die am ehesten etwas mit Ihrem Projekt zu tun haben. Weiten Sie Ihre Suche in solche Bereiche des Buches aus, die kaum einen oder keinen Bezug zu Ihrem Projekt haben. (Warum auch nicht? Es ist bekannt, dass kaum etwas über die seltsamen Wege der Inspiration bekannt ist.)

Nutzen Sie die Beispiele in diesem Buch für Inspirationen und Ideen am Anfang, in der Mitte oder am Ende eines Projekts.

Blättern Sie INDEX TYPO-IDEE aus Spaß einfach durch. Das ist sicher nicht nur eine willkommene Ablenkung für jeden, der sich gern Beispiele für Typografie und Design anschaut, sondern füllt auch Ihren Ideenspeicher auf – was sich bei künftigen Projekten als praktisch erweisen könnte.

Sie werden merken, dass die meisten Beispiele in diesem Buch von einem kurzen informativen Text begleitet werden. Lesen Sie ihn, wenn Sie mehr über ein bestimmtes Beispiel erfahren wollen, ignorieren Sie ihn, wenn Sie nur auf der Suche nach Anregungen sind.

Und seien Sie schließlich immer darauf vorbereitet, dieses Buch zu schließen und mit Bleistift oder Maus die Saat der Ideen zur Blüte zu bringen.

Struktur

Bücher über Typografie sind oft entsprechend den ergebnisorientierten Kategorien wie Logo-Entwurf, Präsentation von Überschriften und Absätzen usw. strukturiert. In den Kapiteln solcher Bücher werden üblicherweise Beispiele für eine Vielzahl von thematischen und stilistischen Varianten gezeigt. Viele ausgezeichnete Typografie-Bücher sind so organisiert, und es lohnt sich, aus ihnen zu lernen.

INDEX TYPO-IDEE verfolgt jedoch einen anderen Ansatz. Um ehrlich zu sein, stellt dieses Buch das erwähnte Organisationssystem auf den Kopf. Hier kommen zuerst die *Themen* und dann die *Ergebnisse* (Logos, Überschriften usw.). Aber warum? Ganz einfach: Wie jeder einigermaßen erfahrene Designer bezeugen kann, ist das Konzept der Chef. Wenn Designer loslegen, dann versuchen sie fast immer, zuerst ein Gefühl für das Thema zu gewinnen, das ihre Kreation ausdrücken soll (es ist ziemlich sinnlos, ein Projekt ohne das Gefühl für die visuelle Persönlichkeit zu starten, das die Kreation ausstrahlen soll; das wäre wie eine Reise ohne Ziel). Sobald ein Gefühl für das thematische/stilistische Ergebnis entwickelt wurde, wird ein passendes Ergebnis gesucht.

Der Inhalt von INDEX TYPO-IDEE ist daher in sieben breite thematische Kategorien aufgeteilt: Energie, Eleganz, Ordnung, Rebellion,

Technologie, Organische und Bestimmte Epochen. In jedem dieser Kapitel finden Sie Abschnitte mit vielen verschiedenen typografischen und gestalterischen Ergebnissen. Das Inhaltsverzeichnis, das dieser Einführung vorangeht, bietet einen guten Überblick darüber, wie diese Struktur angewandt wurde.

Am Ende jedes Kapitels finden Sie jeweils einen kurzen Essay. Die Themen dieser Essays handeln von Schrift, Design und Kreativität.

Falls Sie Fragen zu einem der typografischen Begriffe in diesem Buch haben, schauen Sie in das Glossar ab Seite 300.

Über die Schriften in INDEX TYPO-IDEE

In diesem Buch werden Schriften aus über 150 verschiedenen Schriftfamilien behandelt. Die meisten der Beispiele auf diesen Seiten enthalten unveränderte Schriften; in manchen Beispielen wurden die Schriften an die Bedürfnisse eines bestimmten Designs angepasst (mit grafischen Elementen, anders proportionierten Zeichen, digitalen Effekten usw.). Unabhängig davon, wie sich die Lettern darstellen, finden Sie am Ende des Beispiels jeweils die verwendete(n) Schrift(en). Am Ende eines Kapitels gibt es dann eine vollständige Liste der Schriftfamilien, die in diesem Abschnitt eingesetzt werden.

Die ersten Schriften sind mir in einem Grafikkurs an der Highschool begegnet – seitdem bin ich davon fasziniert. Für mich ist ein gut gestalteter Buchstabe vollkommener künstlerischer Ausdruck: Form und Funktion bilden eine Einheit für eine spezielle Aussage. Ich hoffe sehr, dass dieses Buch den Sinn der Leser – und die kreativen Fertigkeiten – für alles, was typografisch ist, steigert.

Jim Krause

Energie

Die Beispiele in diesem Kapitel unterstützen Sie bei der Suche nach Ausdrucksmöglichkeiten, mit denen Sie die Motive **Energie, Bewegung, Vitalität, Kraft, Stärke** und **Aktion** durch Schrift und deren begleitende kompositorische Elemente verdeutlichen können.

1,2 | Überschneidungen, Schrägen und lebendige organische Strukturen sind Ausdruck von Vitalität. Grafikkünstler aller Couleur – auch Schriftgestalter – nutzen diese ästhetischen Komponenten, um eine Art von Energie zum Betrachter zu übertragen.

3 | Ein Buchstabe aus ausladenden geometrischen Formen. *Erinnert dieses typografische Zeichen Sie an menschliche Eigenarten, die Sie kennen?* Nutzen Sie Anthropomorphismen, wenn Sie mit Schrift arbeiten!

4 | Das betonte Innere vieler Outline*-Fonts strahlt Lebendigkeit aus.

Schrift ist nicht einfach nur da. Schrift strahlt.

5,6 Ausdrucksvolle Handschriften und Schreibmaschinenfonts erinnern an ihr dynamisches, praktisches Erbe.

7,8 Geneigte (kursive) Buchstabenformen gelten oft als typografisches Äquivalent zu stimmlicher Intensität.

9,10 Zwei energiesprühende visuelle Themen, die in diesem Kapitel oft betont werden: intensive Farben und große Schriftgrade. Diese Motive erinnern dennoch daran, dass die energetische Wirkung eines grafischen Elements davon abhängt, was ringsherum passiert. AUF DEN SEITEN 34–35 FINDEN SIE EIN BEISPIEL FÜR EINE RUHIGERE DARSTELLUNG VISUELLER POTENZ.

Schrift ist Energie. Genau wie die Linien,

Hier ist ein einfaches Rezept, mit dem sogar die starrste(n) Buchstabenform(en) verwegen auf der Seite tanzen: **vergrößern, neigen** und **Farbe hinzugeben.** Starten Sie Ihre Suche nach mitreißenden typografischen Präsentationen mit solch einfachen Manipulationen. Experimentieren Sie anschließend mit Variationen, Zusätzen und radikalen Abweichungen. Weitere Anregungen für mehr Energie finden Sie hier und in anderen Kapiteln.

1 | Vorher.

2 | Nachher.

Kurven und Formen eines Gemäldes oder eines

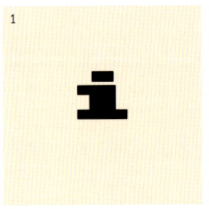

1

anderen Kunstwerks senden die Details einer

Sie wollen einem Logo, einem Buchstaben, einer Überschrift, einer Wortgrafik oder einem Absatz das visuelle i-Tüpfelchen aufsetzen? Betonen Sie das Wesen Ihrer Buchstaben mit den hier gezeigten Konzepten.

Suchen Sie nach weiteren Methoden, mit denen Designer die Darstellung ihrer Schrift intensivieren. Halten Sie diese Ideen zur Inspiration in Ihrem Kopf, auf Papier oder in Ihrem Computer fest. SIEHE SAMMELN SIE, SEITE 298.

1-3 | Nutzen Sie Pop-Art-Elemente, um die ästhetische Kraft von Schrift zu verstärken. *Wie wäre es mit Strahlen, Pseudo-Schatten oder einem Warhol-mäßigen Stapel seltsam ausgerichteter Formen?*

Schrift dem Beobachter Botschaften. Dabei

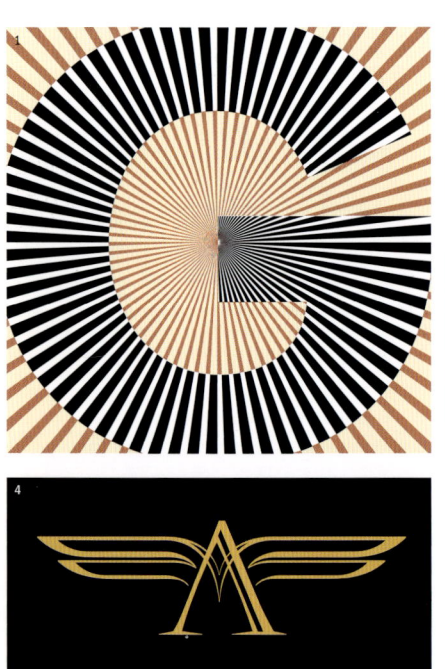

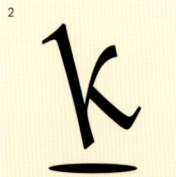

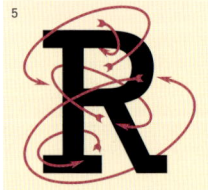

4 | Ändern Sie Zeichen so, dass sie Formen enthalten – oder sich in welche verwandeln –, die Aktion ausdrücken.

5 | Der Blick des Betrachters wird von Pfeilen angezogen. *Wie wäre es denn mit visuellen Hinweisen, um*

Aufmerksamkeit zu erregen oder Bewegung auszudrücken?

6 | Versuchen Sie, mit wiederholten Zeichenformen eine thematisch relevante und visuell aktive Form für ein Icon zu erhalten.

7,8 | *Warum füllen Sie eine Buchstabenform oder ein Wort nicht einfach mit einem dynamischen Bild oder Foto?* Mittels Software können Sie weitere Effekte, wie das Leuchten in dem Beispiel hinzufügen [**8**].

werden im Gehirn Synapsen aktiviert, die

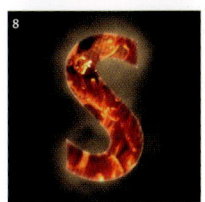

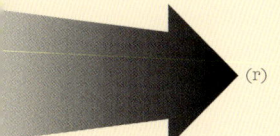

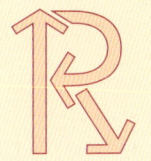

Auf diesen beiden Seiten finden Sie Beispiele für digitale Bearbeitungen, die auf alle Arten typografischer Elemente angewandt werden können. Mit dem Computer können endlose Variationen ausprobiert werden. Los geht's!

Die gezeigten Beispiele wurden mit folgenden Photoshop-Filtern erzeugt:

1 | BEWEGUNGSUNSCHÄRFE

2 | RAD. WEICHZEICHNER (K.)

3 | WINDEFFEKT

4 | RAD. WEICHZEICHNER (S.)

5 | BLENDENFLECKE

6 | OZEANWELLEN

7 | GAUSSSCHER WEICHZ.

8 | FARBRASTER

emotionale und intuitive Reaktionen hervor-

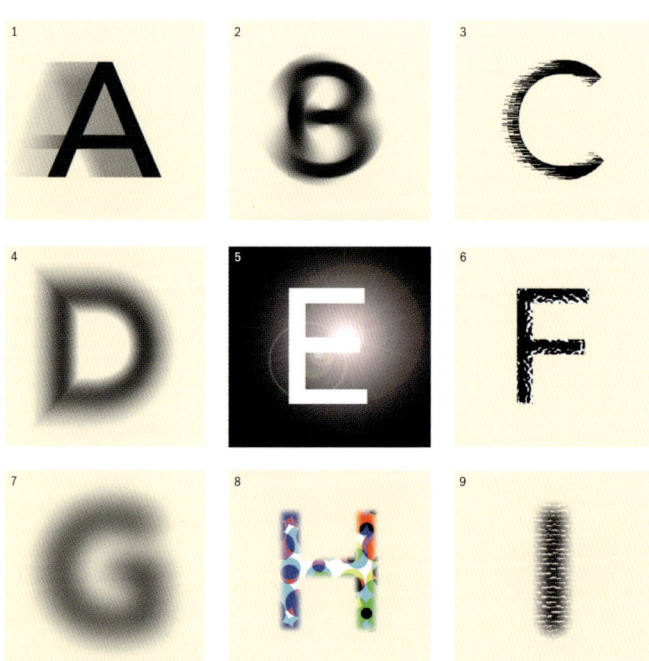

Achtung: Viele Schriften sind eigenständige Kunstwerke; sie kommunizieren und bezaubern auch ohne digitale Unterstützung. Wenden Sie digitale Effekte sparsam und nur dann an, wenn sie wesentlich für den Zweck eines Entwurfs sind.

rufen. Die Arbeit eines achtsamen Designers

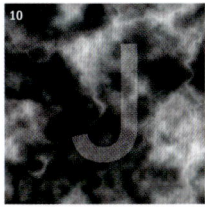

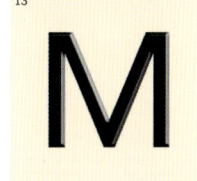

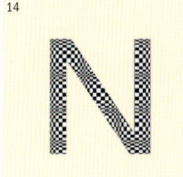

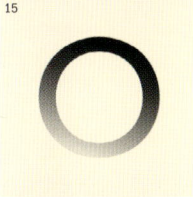

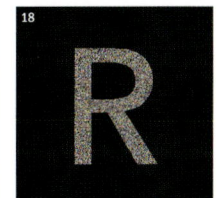

Ein Monogramm ist ein visueller und konzeptueller Ausdruck irgendwo zwischen typografischem Logo und Bildsymbol. Hier finden Sie Anregungen für Monogramme, die dynamische Themen verdeutlichen.

1 | Ohne die winzigen Brüche in den Formen der Zeichen dieser Schablone würde das Monogramm ziemlich flach wirken. Schriften, die eine gewisse Individualität zeigen, können die Vitalität typografischer Designs verstärken.

2 | Nutzen Sie Software, um optische/digitale Effekte zu untersuchen, wie etwa die Kugelform bei diesen Buchstaben.

3 | *Gibt es Möglichkeiten, um mit den Initialen des Unternehmens eine gra-*

führt durch diese abstrakten Mittel sowie

POTTER
DOANE

AERONAUTIC
RESEARCH &
DEVELOPMENT

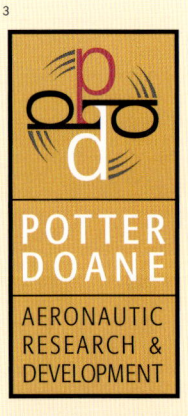

Ward Educational
Support Services

fische Form zu schaffen, die sich auf die Funktion der Firma bezieht?

4 | Mehrere Schriften und ein invertiertes, geneigtes Zeichen führen zu einem soliden, aber schwungvollen Monogramm.

5 | Verwenden Sie ungewöhnliche Schriften und mehrdeutige Symbole, wenn Sie zeitgenössischen Geschmack bedienen wollen. Hier sind auch Experimente mit der Lesbarkeit möglich.

6-9 | Wenn der Entwurf Ihrer Typografie abgeschlossen ist, testen Sie weitere Möglichkeiten, Ihr Monogramm zu umrahmen, zu färben und auszuschmücken.

durch die wirkliche Bedeutung eines Textes

6

7

8

9

1-5 | Oft sollen Designer für Layouts Mischformen aus Schrift und Illustration schaffen.

Sowohl neue als auch erfahrene Designer können von dieser kreativen Übung einer Fusion aus Text und Bild profitieren.

Versuchen Sie sich an der visuellen Behandlung verschiedener Substantive, Adjektive, Verben und Adverbien. Streben Sie Lösungen an, die direkt mit der Bedeutung eines Wortes zu tun haben, sowie solche, die den Sinn

eines Wortes humorvoll oder ironisch brechen.

Bei der Suche nach typografischen Mitteln mit einem visuellen Dreh stellen Sie zuerst Listen mit relevanten Konzepten und Wörtern auf. Erstellen Sie kleine Skizzen auf der

zu einer Verstärkung der kommunikativen

1

tickle

2

3

NAILED

1 | Century Schoolbook 2 | Avenir 3 | Perpetua

Basis des Materials von diesen Listen: Quantität ist in dieser Phase des kreativen Prozesses so wichtig wie Qualität. Oft erscheinen die besten Ideen erst dann, wenn die mittelmäßigen Ideen erschöpft sind. Mit diesen Skizzen können Sie die Suche nach Lösungen erweitern *und* einschränken.

Warum gewöhnen Sie es sich nicht an, ein Skizzenbuch mit sich zu führen? Skizzenbücher eignen sich nicht nur zum Kritzeln und Schreiben – sie sind auch großartige Plattformen zum Erkunden typografischer Lösungen wie etwa dieser Art von Text-/Bild-Mischung. Viele Künstler sehen solche Übungen als Entspannung und als Mittel zum Aufbau kreativer Muskelmasse an.

Kraft. Manche Schriften sind so vital, dass sie

Wenn eine visuelle Botschaft an ein Publikum übermittelt werden muss, stehen normalerweise Illustrationen und Fotografien im Mittelpunkt. Als Designer dürfen Sie nie vergessen, dass *Sie* der Regisseur sind – weshalb stellen Sie nicht einfach eine bestimmte Art von grafischem Element ins Rampenlicht, das die Botschaft *sowohl* durch visuelle *als auch* durch textliche Mittel verdeutlicht? *Wie wäre es, wenn Sie in Ihrem Layout der Schrift die Hauptrolle überlassen?*

Experimentieren Sie mit Lösungen, die nur Schrift verwenden (wie auf diesen beiden Seiten), sowie mit Lösungen, bei denen Buchstabenformen durch illustrative oder grafische Zusätze ergänzt werden (wie in den Beispielen der vorhergehenden Seite).

förmlich nach Aufmerksamkeit schreien. Ihre

Franklin Gothic

Kraft ist ansteckend – in Kombination mit

Dies sind sieben einfache Ansätze, mit denen Sie ein nur aus Text bestehendes Logo dynamischer gestalten. Vergleichen Sie beim Arbeiten an einem Logo die Vorzüge einer reinen Textlösung mit einem Design, das ein Icon, einen Hintergrund oder ein rahmendes Element enthält. *Warum beschreiten Sie nicht einmal beide Wege?*

1,2 | Handschriften und Kursive sind von sich aus energiegeladen. Nehmen Sie doch eine Schrägschrift für den Haupttext und/oder den Untertitel Ihres Logos.

3-5 | *Warum nicht einmal die Grundlinie eines Zeichens oder ganzer Wörter versetzen oder biegen, um ein Design aufregend und individuell zu gestalten?*

anderen dynamischen grafischen Elementen

1 | Requiem, Formata 2 | Franklin Gothic, Caflisch Script 3,4 | Formata

6 | Der Schwung und die Dynamik dieses Logos entstanden durch die Kombination von Zeichen aus drei völlig verschiedenen Schriftarten. Größe und Position der einzelnen Zeichen wurden sorgfältig bedacht – mit Blick auf Verschiedenheit, Lesbarkeit und visuelle Balance. Der waagerechte Strich und die sorgfältig ausgerichteten Versalien unter dem lebhaften Titel sorgen für Ordnung in dem Entwurf.

7 | *Wie wäre es damit, ein Logo mit Hilfe von Interpunktionszeichen ausdrucksstärker zu gestalten? Untersuchen Sie sowohl traditionelle als auch neue Methoden für den Einsatz von Interpunktionszeichen.*

(Bildern, Farben, Hintergründen usw.) wird

1-3 | Tests sind wichtig, wenn Sie das thematische Ziel eines Logos mit Schrift-/Bildkombinationen wirkungsvoll treffen wollen. Fragen Sie sich: *Könnte das Logo, an dem ich arbeite, neben seinen typografischen Elementen ein Bild vertragen? Falls ja, ein Bild wovon? Mit welchen Illustrationsstilen? Auf welche Art von Lösung würde das Zielpublikum am ehesten positiv reagieren?* SIEHE DAS PUBLIKUM ANSPRECHEN, SEITE 128.

   Wenn Sie ein erfahrener Illustrator sind, dann nutzen Sie die Vielseitigkeit und Freiheit aus, die Sie beim Mix aus Schrift und Bildern in Ihren eigenen Arbeiten erhalten. Experimentieren Sie! Falls Sie glauben, das gewünschte Bild läge außerhalb Ihrer künstlerischen Fertigkeiten, dann suchen (und engagieren) Sie einfach einen Helfer.

das Ergebnis ästhetisch explosiv. Werden dyna-

1

2

3

1 | Clarendon, Franklin Gothic   2 | Stencil, Franklin Gothic   3 | Avenir

4 | Warum nicht einmal eine Schrift verwenden, die in gewisser Weise unfertig aussieht, wenn auch die Grafik, mit der Sie arbeiten, einen rauen, ungeschönten Eindruck macht?

mische Schriften zusammen mit ruhigen kom-

4

Auf diesen Seiten wurden eine einfache Überschrift und ihr Untertitel bearbeitet. Nehmen Sie solche Ideen auf – und erweitern Sie sie –, wenn Sie Methoden suchen, um eine Überschrift oder ein Impressum voller Energie darzustellen.

1 | Die statische serifenlose Schrift scheint der Botschaft in der Überschrift zu widersprechen. Nicht gerade die beste Wahl.

2 | Erkunden Sie die Optionen, die das Schrift-Menü bietet. *Wird durch die*

Kursive mehr Dynamik ausgedrückt? Eine schmale kursive Schrift? Vielleicht geben mehrere Schriftstärken den nötigen Kick?

3 | *Können Sie durch intensive Färbung den Ausdruck Ihrer Überschrift verstärken?*

positorischen Begleitern eingesetzt, kann die

1

Run for your life.
Jog your way to health and fitness in 12 weeks.

2

Run For Your **Life.**
*Jog your way to **health** and **fitness** in 12 weeks!*

3

RUN FOR YOUR LIFE!
JOG YOUR WAY TO **HEALTH** AND **FITNESS** IN 12 WEEKS.

4

RUN *for* YOUR LIFE!
Jog your way to health and fitness in 12 weeks!

1-3 | Franklin Gothic   4 | Franklin Gothic, Bodoni Antiqua

Eine dynamische Schrift, intensive Farben und ein Ausrufezeichen lassen eine Überschrift wie einen Schrei wirken.

4,5 Hier entsteht die Spannung aus dem Zusammenspiel einer feinen kursiven und einer fetten serifenlosen Schrift: *Energie* – durch die geneigte Form der Kursiven, *Festigkeit* – durch die aufrechte Form der Grotesk und *Vielfalt* – durch den extremen Kontrast zwischen den beiden Schriften.

6 *Warum normal sein?* Gehen Sie unkonventionelle Wege!

7,8 Verändern Sie die Überschrift mittels Filtern und Effekten aus einem Bildbearbeitungsprogramm wie Photoshop.

Energie der Schrift ein ansonsten zurückhal-

5 | Franklin Gothic, Berkeley 6 | Gypsy Switch 7 | Franklin Gothic 8 | Bodoni Poster, Bodoni Antiqua

Es gibt viele Möglichkeiten, um die Aufmerksamkeit eines Betrachters auf wichtige Textelemente zu lenken. Häufig wird wichtiger Text in einer großen Schriftgröße, in einer hellen Farbe oder innerhalb einer schwer zu ignorierenden Form präsentiert. Jede dieser Methoden sollte in Betracht gezogen werden – einzeln oder in Kombination mit anderen.

In der Mitte dieses Kapitels über großen Text, helle Farben und dynamische visuelle Umgebungen sollen diese Seiten Sie allerdings daran erinnern: Wirkung ist relativ. Text muss nicht groß, bunt oder eingerahmt sein, um bemerkt zu werden. Selbst ein bescheidener Streifen grauen kursiven Textes, der sich zwischen zwei Klammern duckt, kann Aufmerksamkeit erregen, wenn sich die visuelle Konkurrenz in Grenzen hält.

tendes Layout aufpeppen. Dagegen wirkt eine

passive Schrift mit lebhafteren unterstüt-

(impact is relative)

Thematisch wandern die Posterentwürfe auf diesen Seiten auf dem schmalen Grat zwischen literarischer Seriosität und kitschigem Amüsement. Die vorrangig typografischen Layouts verdeutlichen dies durch das Wesen ihrer Schriften und die Präsentation der Texte (Größe, Position, Ausrichtung, Komposition).

Neben den Schriften und den kompositorischen Variablen sollten Sie bei der Suche nach dynamischen Layoutideen mit der relativen visuellen Bedeutung der einzelnen Texte experimentieren. *Wieso vertauschen Sie nicht einmal die Rollen von Untertitel und Überschrift? Warum befördern Sie nicht eine weniger wichtige Information ganz an die Spitze?*

zenden Elementen spritziger. Erkunden Sie

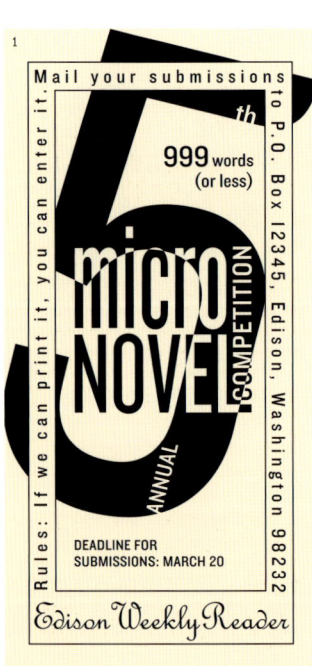

1 | Knockout, French Script (Logo, jedes Poster)   2 | Stempel Garamond

1-4 | Diese vier Layouts demonstrieren ein solches Experiment mit der informatorischen Hackordnung.

Das erste Layout betont die Tatsache, dass dieses Ereignis zum fünften Mal auftritt. Das zweite Design stellt den Namen des Wettbewerbs in den Mittelpunkt. Der dritte Entwurf spielt humorvoll mit einer Einschränkung in den Regeln des Wettbewerbs. Das letzte Layout setzt den Namen des Hauptsponsors, einer Zeitung, an die Spitze.

Untersuchen Sie solche hierarchischen Möglichkeiten – vor allem, wenn Sie mit Layouts arbeiten, die mehrere verschiedene Textblöcke enthalten.

beim Gestalten eines Layouts, das nach

Manche Lösungen gewinnen durch ihren ästhetischen Wert, andere durch ihren konzeptuellen Reiz und wieder andere durch einen Mix beider Ansätze – egal, ob Sie nur mit Schrift oder mit der ganzen Palette visueller Elemente arbeiten.

1-3 | Anstatt Energie durch ihre Kompositionen zu *porträtieren*, versuchen diese konzeptgestützten Layouts, Energie in Form einer humorvollen oder emotionalen Verbindung mit dem Betrachter zu *erzeugen*. *Haben Sie nach einem*

konzeptuellen Blickwinkel für Ihr Design gesucht?

Das Konzept ist König, wenn es sich machtvoll mit seinen Untertanen (den Themen) verbindet und von einem Thron aus reiner Ästhetik regiert.

visuellen Akzenten verlangt, mit Hilfe

1 | Schreibmaschinentext, Franklin Gothic   2 | Magda, Bodoni Antiqua, Franklin Gothic

des Computers sowohl die Möglichkeiten

Nine hundred and ninety-nine (and not a word more).

Announcing the 5th Annual Micro Novel Competition.
Interested? Mail your submissions to P.O. Box 12345
Edison, Washington 98232. Deadline: March 20.

Edison Weekly Reader

*Soll **Text** oder **Bild** Ihr Layout dominieren?*

Dieses Blatt zeigt zwei Entwürfe, die gegenteilige Antworten auf die Frage nach der visuellen Dominanz zwischen Text und Bild liefern.

1 | Einem farbenfrohen und lebendigen Foto wurde der Vorzug vor den typografischen Elementen dieses Layouts gegeben.

Die Frau in diesem Bild ist nicht das Einzige, was hier auf dem Kopf steht – das zweifellos wichtigste visuelle Element (der Titel des Buches) ist am kleinsten. Die Bedeutung des Titels ist aufgrund seiner auffälligen Platzierung und ungewöhnlichen Ausrichtung trotz der unkonventionellen Präsentation sichergestellt. Nutzen Sie

der Schrift als auch der anderen kom-

1

nach Möglichkeit eigenwillige Darstellungen, die das Thema unterstützen.

2 | Hier wurde der Titel des Buches visuell konventioneller gestaltet: Er ist *am größten und am fettesten*. In einem ver-

spielten und konzeptuell relevanten Dreh wurde das Wort **wrong** auf den Kopf gestellt. Das **d** im zweiten Wort des Titels ragt in den Raum im darüber gelegenen **w** – die Komposition des Titels erscheint strenger, da

seine drei Wörter wie ein einziges grafisches Element wirken.

Das Layout erhält durch das visuell aktive Muster hinter der Schrift und am rechten Rand des Umschlags zusätzliche Energie.

positorischen Elemente. Stellen Sie sich Ihre

2

Absätze können durch Schriftauswahl, kompositorische Maßnahmen, Farbe und unterstützende grafische Elemente mit Energie aufgeladen werden.

1 | Ein fettes, Poster-artiges Initial setzt einen farbigen Akzent für eine Geschichte, die der legendäre Musiker Louis Armstrong erzählt.* Der lebhafte Kontrast zwischen den dicken und dünnen Strichen der Zeichen erzeugt eine spannungsreiche Atmosphäre. Sternchen als lebendiges Hintergrundmuster peppen die Darstellung der Schrift zusätzlich auf.

2 | Eine moderne Schrift – mit Anklängen an Showbiz und Nightlife – stellt in diesem Kontext eine faszinierende Verbindung

Schriften, Farben, Dekorationen und komposi-

1

Then Bojangles went into his act. His every move was a beautiful picture. I am sitting in my seat in thrilled ecstasy and delight, even in a trance. He imitated a trombone with his walking cane to his mouth, blowing out of the side of his mouth making the buzzing sound of a trombone, which I enjoyed. He told a lot of funny jokes, which everyone enjoyed immensely. Then he went into his dance and finished by skating off the stage with a silent sound and tempo. *Wow,* what an artist. I was sold on him ever since.

2

Then Bojangles went into his act. His every move was a beautiful picture. I am sitting in my seat in thrilled ecstasy and delight, even in a trance. He imitated a trombone with his walking cane to his mouth, blowing out of the side of his mouth making the buzzing sound of a trombone, which I enjoyed. He told a lot of funny jokes, which everyone enjoyed immensely. Then he went into his dance and finished by skating off the stage with a silent sound and tempo. WOW, what an artist. I was sold on him ever since.

*Der Text auf den Seiten 42–45 stammt aus dem Buch **In His Own Words von Louis Armstrong**, erschienen bei Thomas Brothers. Hier berichtet Louis Armstrong über seine ersten Eindrücke von dem berühmten Tänzer und Showstar Bill »Bojangles« Robinson.

1 | Bodoni Poster, Bodoni Antiqua   2 | House Gothic

zwischen dem Alten und dem Neuen her.

3 | Der eigenwillige Einsatz von Anführungszeichen dient als dynamischer und starker Rahmen für den Text. Viele Leute haben Probleme, Text zu lesen,

der heller ist als sein Hintergrund. Serifenlose Schrift kann außerdem bei langen Texten die Leser nerven. Falls Sie an den Regeln für Lesbarkeit herumbasteln wollen, nehmen Sie sich am besten relativ kleine Textblöcke vor.

4 | *Und wenn wir schon einmal Regeln brechen, wie wäre es, wenn Sie Schriften **und** Schriftgrade mischen?* Bei diesem Ansatz wird die Aufmerksamkeit auf einen Absatz gelenkt, indem wichtige Wörter hervorgehoben werden.

torischen Entscheidungen als unabhängige Hebel

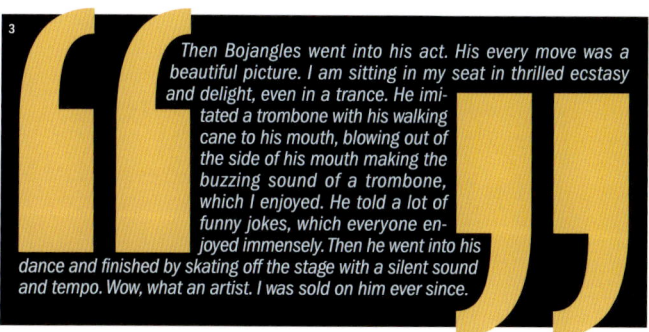

3

Then Bojangles went into his act. His every move was a beautiful picture. I am sitting in my seat in thrilled ecstasy and delight, even in a trance. He imitated a trombone with his walking cane to his mouth, blowing out of the side of his mouth making the buzzing sound of a trombone, which I enjoyed. He told a lot of funny jokes, which everyone enjoyed immensely. Then he went into his dance and finished by skating off the stage with a silent sound and tempo. Wow, what an artist. I was sold on him ever since.

4

Then **Bojangles** went into his act. His **every move** move was a beautiful picture. I am sitting in my seat in thrilled **ecstasy** and **delight**, even in a **trance**. He imitated a trombone with his walking cane to his mouth, blowing out of the side of his mouth making the **buzzing sound** of a **trombone**, which I enjoyed. He told a lot of **funny jokes**, which everyone enjoyed **immensely**. Then he went into his dance and finished by **skating** off the stage with a silent sound and tempo. **Wow**, what an artist. I was **sold** on him **ever since**.

1 | *Warum präsentieren Sie Ihren Text nicht in einer Weise, die an die Animation einer ausdrucksvollen mündlichen Erzählung erinnert?* Obwohl jeder der hier benutzten Fonts aus der gleichen umfangreichen Schriftfamilie (Gill Sans) stammt, werden durch den Einsatz unterschiedlicher Stärken, Größen, Grundlinienvarianten sowie Durchschuss- und Unterschneidungsmaße Vielfalt und Kraft erreicht.

Die unregelmäßigen Formen der »Papierschnipsel«, auf denen der Text steht, umrahmen die Wörter und lassen das Ganze lebendig und fast schon dreidimensional wirken.

auf dem Schaltpult einer Rakete vor: Vergrößern

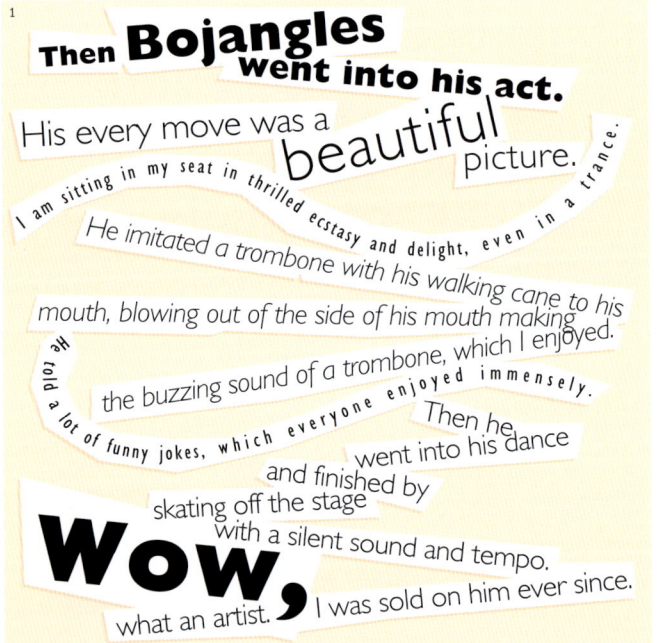

2 | Fast jeder Designer hat an irgendeinem Punkt seiner Entwicklung Minuten (Stunden) damit verbracht, die Punzen der Buchstaben auf beliebigem gedrucktem Material auszumalen. *Weshalb sollten Sie dieses stilistische Element nicht einfach auf ein Projekt anwenden, jetzt, da Sie ein Design-Profi sind?* Experimentieren Sie mit verschiedenen Schriften, Füllfarben und digitalen Effekten.

und verkleinern Sie den Ausstoß der einzelnen

2

Then Bojangles went into his act. His every move was a beautiful picture. I am sitting in my seat in thrilled ecstasy and delight, even in a trance. He imitated a trombone with his walking cane to his mouth, blowing out of the side of his mouth making the buzzing sound of a trombone, which I enjoyed. He told a lot of funny jokes, which everyone enjoyed immensely. Then he went into his dance and finished by skating off the stage with a silent sound and tempo. Wow, what an artist. I was sold on him ever since.

Unterstützen Sie das Wesen der sorgsam gewählten Schrift beim Streben nach dynamischem Layout durch Bilder, Grafiken, Dekorationen, Farben und kompositorische Mittel, die diesem Ziel entgegenkommen.

1-5 | Sie wollen Energie? Füllen Sie einen großen Buchstaben mit einem Bild, legen Sie Schrift über ein Muster oder eine andere Schrift, wickeln Sie Text um eine lebhafte Illustration, umgeben Sie Schriftelemente mit einem oder mehreren dynamischen Bildern oder verwenden Sie Fonts, die lebendig wirken. *Warum Text und Bilder nicht einmal verdrehen, skalieren und neigen*? Für Designprobleme gibt es unendlich viele Lösungen. Experimentieren Sie!

Hebel, bis die gelieferte Energie ausreicht, um den thematischen Orbit zu erreichen, nach dem Sie streben. Schauen Sie sich an, wie Künstler aller Medienarten über ihre Arbeit Vitalität vermitteln – diese

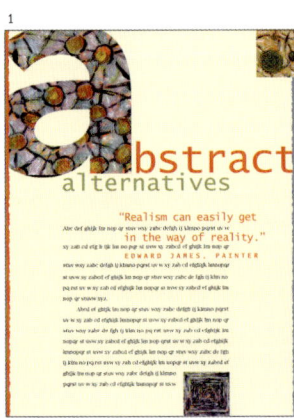

1

2

1 | Lucida Sans Typewriter, Lucida Bright, Sabon   2 | French Script, Astigma, Engravers, Sabon

3

Beobachtungen werden Sie bei der Arbeit an

4

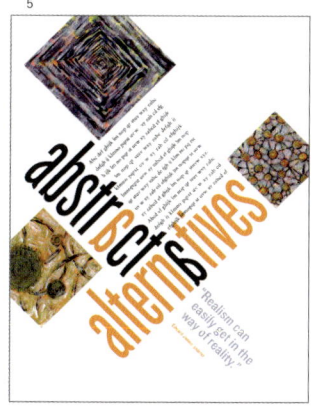

5

t   y   p   e   i   s
t   y   p   e   i   s
t   y   p   e   i   s
t   y   p   e   i   s
t   y   p   e   i   s
t   y   p   e   i   s

Ihren eigenen Entwürfen zu spannenden Lösungen

t   y   p   e   i   s
t   y   p   e   i   s
t   y   p   e   i   s
t   y   p   e   i   s
t   y   p   e   i   s
t   y   p   e   i   s

Monaco

e n e r g y
e n e r g y
e n e r g y
e n e r g y
e n e r g y
e n e r g y

führen.

e n e r g y
e n e r g y
e n e r g y
e n e r g y
e n e r g y
e n e r g y

Schriften in diesem Kapitel:

Aus jeder Schriftfamilie wird ein Vertreter gezeigt.

SERIFENSCHRIFTEN

Albertus

Berkeley Old Style

Birch

BlackOak

Bodoni Antiqua

Bodoni Poster

Caslon

Caslon Antique

Caslon Openface

CASTELLAR

Century Schoolbook

Clarendon

ENGRAVERS MT

Goudy

Lucida Bright

Mona Lisa Recut

New Century Schoolbook

Palatino

PERPETUA

Requiem

Rockwell

Sabon

Stempel Garamond

Wide Latin

GROTESK-SCHRIFTEN

Avenir

Formata

Franklin Gothic

Frutiger

Futura

Gill Sans

House Gothic

Industria

Knockout

Univers

NICHTPROPORTIONALSCHRIFTEN

Lucida Sans Typewriter

Monaco

**SCHREIBSCHRIFTEN UND
KALLIGRAFISCHE SCHRIFTEN**

Caflisch Script

Edwardian Script

French Script

Lucida Calligraphy

Cezanne

DISPLAY-SCHRIFTEN

American Typewriter

APOLLO 26

Astigma

Curlz

Gypsy Switch

Magda

Postino

STENCIL

UNITED STENCIL

51

IM FOKUS:

Schriftauswahl

Manche Designer scheinen einfach zu wissen, welche Schrift(en) für ein bestimmtes Layout verwendet werden soll(en). Andere sind jedes Mal unentschlossen, wenn sie das Schrift-Menü auf ihrem Computer öffnen. *Wie* wählen Designer also Fonts aus? Es ist schwer zu beschreiben – vergleichen wir den Vorgang zunächst einfach mit Hexerei.

Als Wissenschaft ist die Auswahl von Schrift in etwa so exakt wie das Vorgehen einer Hexe beim Brauen eines Zaubertranks. Wahrscheinlich lauten die Anweisungen, die ein fähiger Designer befolgt, wenn er eine Schrift auswählt, ungefähr so: *Bringe einen großen Kessel **aktueller Trends** kräftig zum Kochen. Füge eine Prise **Zielgruppe**, einen Spritzer **Kundenwünsche**, eine Handvoll **typografischer Historie** und einen Esslöffel **angeblicher Schriftwirkung** hinzu. Würze diese Mixtur mit einer Messerspitze **persönlichen Geschmacks des Designers** und rühre weiter, bis diesem Gebräu die **gewünschte Schrift** entsteigt.*

Klingt abstrus? Vielleicht – aber welche Formel für die instinktive Kunst und Wissen-schaft der Schriftauswahl wäre vollständig (und richtig), wenn sie nicht Zutaten enthielte, die sowohl fantastisch als auch quantifizierbar wären?

Bieten Sie Ihrem Gefühl für Schriftauswahl eine soli-de Grundlage, indem Sie Ihr typografisches Wissen und Bewusstsein erweitern und pflegen. Schauen Sie sich alte Schriften an, um zu verstehen, mit welcher Schrift man das Wesen einer Ära ausdrücken kann, oder um einem moder-nen Entwurf den gewissen Kitschfaktor hinzuzufügen. Der Blick zurück in die Geschichte enthüllt die Identität von Schriften, die seit Jahrzehnten (oder Jahrhunderten) in Gebrauch sind. Es lohnt sich, über diese langlebigen Schriften

Bescheid zu wissen, da sie sicher auch die nächsten Jahrzehnte (oder Jahrhunderte …) überdauern werden.

Verfolgen Sie, was sich in den Medien im Bereich Typografie tut. Moderne Magazine, Buchhüllen und Filmtitel, gestaltet für ein auf-

> **Welche Formel für die instinktive Kunst und Wissenschaft der Schriftauswahl wäre vollständig (und richtig), wenn sie nicht Zutaten enthielte, die sowohl fantastisch als auch quantifizierbar wären?**

geschlossenes Publikum, sowie Design-Zeitschriften, in denen die Arbeit der führenden Kräfte auf diesem Gebiet vorgestellt wird, bilden sehr gute Quellen für zukunftsorientierte typografische Beispiele. Ein Designer, der seinen kreativen Radar offen hält, sorgt dafür, dass er nicht den Anschluss an künftige Entwicklungen verliert.

Sie stärken die Basis für eine effektive Schriftauswahl schließlich auch, indem Sie die Angebote der Schriftenhersteller in deren Katalogen (online und gedruckt) beobachten. Die Masse an Schriften, die über diese Quellen bereitgestellt werden, scheint auf den ersten Blick überwältigend zu sein. Wenn Sie sich aber stets auf dem Laufenden halten, dann werden Sie die Schriften irgendwann gedanklich in bestimmte Kategorien einteilen, in denen Sie sie bei Bedarf wiederfinden.

Zusammenfassung: *Wenn Sie kommunikativen Zauber durch Typografie erzeugen und stärken wollen, dann verwenden Sie Zutaten, die sowohl instinktiv als auch logisch gewählt sind.*

Eleganz

Nutzen Sie die Beispiele in diesem Kapitel, um die Suche nach kreativen Möglichkeiten für die Vermittlung solcher Themen wie **Eleganz, Luxus, Wohlstand, Anmut** und **Extravaganz** durch Schrift und die sie unterstützenden kompositorischen Elemente zu verstärken.

Kunst, Architektur, Mode und Tanz vermitteln Eleganz durch eine visuelle Sprache aus Anmut, Schnörkeln und Reinheit der Form. Auch die Typografie ist am eloquentesten, wenn sie ein vergleichbares ästhetisches Vokabular nutzt.

1-4 | Schöne Proportionen, geschmackvoll verteilte dicke und dünne Striche, anmutige Serifen und exquisite anatomische Details (wie die Schweife der hier gezeigten **Q**s) zeichnen viele klassische Antiqua-Schriften aus.

Daher sind sie ideale Beispiele für Höflichkeit. Üben Sie Ihr Auge, um die oft winzigen Unterschiede zwischen den Schriften in diesem Genre zu erkennen. Beachten Sie die Wirkung dieser Details auf die Persönlichkeit einer

Seltsamerweise kann man Eleganz durch entge-

1 | Baskerville   2 | Didot   3 | Perpetua   4 | Optima   5 | Bureau Empire   6 | Futura   7 | Edwardian Script

Schrift. Wählen Sie eine Schrift, die das Wesen und die Botschaft Ihres Textes widerspiegelt.

5 | Wie wäre es mit einer Schrift, die an einen Wolkenkratzer erinnert – die Maßlosigkeit ausstrahlt und durch ihre hervorstechende Individualität Aufmerksamkeit erregt?

6 | Greifen Sie doch einmal auf eine dünne Grotesk-Schrift zurück, um durch die Einfachheit der Form Eleganz auszudrücken.

7-9 | Wenn äußerste (oder sogar übertriebene) Opulenz gefragt ist, dann prüfen Sie den Einsatz von Frakturen, Schreibschriften und Outline-Schriften.

gengesetzte visuelle Extreme ausdrücken: opu-

9

Elegante Buchstabenformen müssen nicht dekoriert oder verändert werden, um eine gewisse Kultiviertheit zu vermitteln. Dennoch sind oft Anpassungen erforderlich, wenn Sie ein vornehmes Logo oder typografisches Element gestalten müssen.

1-3 | In bestimmten Schriftfamilien gibt es eine Vielzahl an ornamentalen Dekorationen (wie den hier gezeigten bildhaften Elementen). Testen Sie verschiedene Methoden, um Buchstaben mit diesen Bildern zu dekorieren.

4 | *Haben Sie schon darüber nachgedacht, die Form eines Buchstabens zu erweitern, um damit Ausschweifung (und wie in diesem Fall gute Laune) auszudrücken? Experimentieren Sie mit Strudeln, Wirbeln und anmutigen Schnörkeln.*

lente Maßlosigkeit und sparsame Einfachheit.

1 | Requiem, Requiem Ornaments   2 | House Gothic, WebOMints   3 | Century, Hoefler Ornaments   4 | Futura

5 | Nutzen Sie Software, um ein Zeichen um ein passendes bildhaftes oder illustratives Element zu erweitern. Hier wurde das Foto eines Wachssiegels über die digital veränderte Form eines Outline-Buchstabens gesetzt.

6 | Testen Sie Optionen! Hier wurde ein einzelnes typografisches Ornament unterschiedlich eingesetzt, um Buchstaben zu verzieren und zu verändern.

7-9 | Dieses Logo wirkt auf zwanglose Weise elegant durch die formlos ausgeführte Schnörkelschrift. *Wie wäre es mit einem Icon oder Muster aus dem ersten Buchstaben eines Firmennamens? Und dann noch mehrere Farbtöne?* SIEHE DIE SEITEN 70–71 FÜR WEITERE IDEEN FÜR MUSTER.

Ein verschwenderisch ausgestattetes könig-

7

8

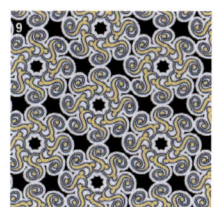

liches Schlafzimmer und ein Paar schwarz

Mehrere kompositorische und konzeptuelle Vorstellungen stärken den thematischen Bezug eines Layouts und deuten mehrere Bedeutungsebenen an. Dieses Deckblatt einer Speisekarte zeigt durch seine typografischen Elemente einige visuelle und thematische Verbindungen: Ein ornamentales Hintergrundmuster lässt das Logo anmutig erscheinen, dessen serifenlose Schrift ansonsten übermäßig ernst wirken würde; das Muster selbst besteht aus großgeschriebenen **X** – eine Initiale, die mit der römischen Zahl hinter dem Logo verknüpft ist. Die Schrift aus dem Muster stammt aus der gleichen Familie wie der Text unter dem Logo. Um die Elemente des Entwurfs weiter zu verbinden, wurde eine Palette kräftiger, harmonischer Farben verwendet.

lackierter Essstäbchen werden gleichermaßen

1 | Seien Sie vielfältig, wenn Sie mit Buchstaben aus verschiedenen Schriften Monogramme schaffen. Wählen Sie Fonts, die deutliche Unterschiede aufweisen, und suchen Sie nach Kombinationen aus Zeichen, die einem einzigen thematischen Zweck dienen.

2-4 | Mit Hilfe von Software können Sie Zeichen miteinander verbinden, verflechten oder sich überschneiden lassen.

5,6 | Beziehen Sie das Und-Zeichen ein! Leute, die Schriften entwerfen, gehen bei der Schaffung dieses Zeichens oft extra schwungvoll zu Werk. Untersuchen Sie Designlösungen, die das Und-Zeichen besonders

als exquisite Kreationen angesehen. Auch das

1 | Castellar, Kuenstler Script   2 | Edwardian Script, Requiem   3 | Requiem   4 | Stempel Garamond

betonen und ihm eine unterstützende Rolle zuweisen.

7 | Gehen Sie unkonventionell vor. Haben Sie schon einmal versucht, Zeichen horizontal oder vertikal zu drehen? Ist das Ergebnis lesbar? Dient es einem thematischen Zweck?

8 | Versuchen Sie, Ihre Buchstabengruppe mit einer Begrenzung oder einer Hintergrundform einzurahmen. Könnte Farbe oder ein dreidimensionaler Effekt die Darstellung Ihres Monogramms verbessern?

9 | Könnten Textornamente anstelle von Punkten oder Leerzeichen verwendet werden, um Buchstaben voneinander zu trennen?

gedruckte Wort kann durch eine Vielzahl typo-

7

8

9

Wenn ein Logo das Wesen seines Themas richtig widerspiegeln soll, dann sind Auswahl und Präsentation der Schrift wesentlich.

1 | Gegensätze erregen Aufmerksamkeit: Hier eine enge, fette Serifenschrift in Groß- und Kleinschreibung neben einer gesperrten, großgeschriebenen, dünnen Grotesk. Sorgsam gewählte Kontraste führen zu einer raffinierten und geschmackvollen Darstellung. SIEHE SCHRIFTEN KOMBINIEREN, SEITE 212.

2-5 | Wenn Sie ein Logo entwerfen, bewerten Sie die Persönlichkeiten potenzieller Schriften. Wie sollen Wörter getrennt werden? Könnte man Striche, Icons oder einen Hintergrund hinzufügen? Experimentieren Sie mit Schreibweisen (groß,

grafischer Mittel Raffinesse ausdrücken. Die

1,2 | Bodoni Antiqua, Helvetica 3 | Albertus 4 | Copperplate 5 | Perpetua

klein) sowie verschiedenen Grundlinien (beachten Sie das vertikale **LTD** in **5**).

6 | Elegante Einfachheit. Durch das Sperren der Zeichen und die geringe Schriftstärke wirkt diese Grotesk sehr kultiviert.

7 | *Wieso nicht Teile einzelner Zeichen entfernen, um eine minimalistische Darstellung zu erhalten?*

8 | Nehmen Sie digitale Effekte. Hier werden die Formen der Schrift nur durch den umgebenden

Schein definiert.

9 | Experimentieren Sie mit verschiedenen Buchstabenformen und versuchen Sie, Ihre Schrift um grafische Elemente zu erweitern.

Formen bestimmter Frakturen, Schreibschriften,

6

7

8

9

Wenn ein Wort in einem Logo buchstäblich etwas bedeutet, dann versuchen Sie, diese Bedeutung in Ihrem Entwurf darzustellen.

1 | Die Einbuchtung in dieser Hintergrundform verknüpft den Namen des Unternehmens mit seiner wörtlichen Bedeutung.

2 | Hier wird der Name der Firma durch eine solide Form eingerahmt, während seine Definition durch das fette **0** verdeutlicht wird.

3 | Der Kreis als Grundlinie des Untertitels spiegelt hier die wörtliche Bedeutung des Haupttextes wider.

Eine moderne serifenlose Schrift wurde mit einer Fraktur aus einer viel

kalligrafischer, serifenloser und Serifenschriften

1,2 | Futura   3 | Fette Fraktur, Knockout   4 | Formata, Cezanne

früheren Ära kombiniert. Das Ergebnis ist einmalig.

4 | Die vielen verfügbaren Strichstärken und Zeichenweiten in dieser Schriftfamilie erlauben diese scheinbar kreisförmige Darstellung.

Der Untertitel, der von einem Künstler von Hand geschrieben zu sein scheint, hinterlässt bei dem Design das Gefühl kreativer Spontaneität.

5 | *Würde eine geradlinige Schrift die Aufgabe am besten erfüllen?*

6,7 | *Wie wäre es mit einem individuelleren Ansatz? In Beispiel [7] werden die Änderungen hervorgehoben, die zwischen den Schriften in [5] und [6] erfolgt sind.*

vermitteln das Gefühl von Eloquenz. Schriften,

5

6

7
ROTE UMRISSE = ORIGINALZEICHEN
BLAUE SCHATTIERUNG = MODIFIZIERTE FORMEN

Dies ist eine Darstellung der verschiedenen Möglichkeiten eines Designers auf dem Weg zum fertigen Logo. Nutzen Sie diese Beispiele als Anregungen für Ihre eigene Suche nach typografischen Lösungen.

1 | Beim Schaffen eines Logos können Sie unveränderte oder veränderte Schrift verwenden (wie durch die gezeigten Paare verdeutlicht). In der veränderten Version wurde hier das **C** dichter an das **h** gesetzt. Außerdem drücken

die geänderten Striche von **h**, **d** und **s** mehr Elan aus.

2 | Viele Outline-Schriften sind von Natur aus elegant. *Füllen Sie die offenen Flächen mit einer kräftigen Farbe!*

die keine gepflegte Atmosphäre ausstrahlen,

1

Chandeliers   *chandeliers*

2

Chandeliers   **Chandeliers**

3

CHANDELIERS   CHANDELIERS

4

CHANDELIERS

3 | Zusätzliche Schwünge und Erweiterungen der Zeichen können sowohl Eleganz als auch Einmaligkeit signalisieren.

4 | Manche Schriftfamilien enthalten bereits fertige dekorative Elemente wie diesen hier gezeigten Rand.

5,6 | *Wie wäre es, wenn Sie ein wesentliches grafisches Element in Ihre typografische Anordnung aufnehmen?*

7 | Hier wurde das gleiche Ornament benutzt, um eine Dekoration für das eine Logo und einen Hintergrund für das andere Logo zu erzeugen. Auf der nächsten Doppelseite sehen Sie noch raffiniertere Muster aus diesem Textornament.

sollten allerdings nicht ausgeschlossen wer-

5

CHANDELIERS

6

Chandeliers

7

CHANDELIERS

Mit dekorativen Schriftelementen (wie demjenigen links) können endlose dekorative Muster für Hintergründe oder begleitende Designelemente geschaffen werden. Ändern Sie Ausrichtung und Größe des Originalelements, die Beziehung zu seinen Klonen und den Einsatz der Farben. Suchen Sie Lösungen, die sowohl genau als auch locker sind. *Warum wenden Sie nicht einfach einen digitalen Effekt auf Ihr Muster an (Weichzeichnungsfilter, Verlauf, einen 3D-Effekt, durchscheinende Ebene usw.)?*

Ein Ornament aus der Schrift WebOMints.

den: Eleganz lässt sich auch durch ihre Umgebung

auf eine Schrift übertragen (ein ornamentaler

71

1-3 | Sogar wenn es um einfache Überschriften geht, müssen Sie viele Optionen in Betracht ziehen. Experimentieren Sie mit den Schriften für Überschrift und Untertitel. Probieren Sie die Kombination aus einer Schrift und ihrer kursiven Variante. Testen Sie verschiedene Schreibweisen. Versuchen Sie es mit Strichen, um Überschrift und Untertitel voneinander zu trennen. Denken Sie an die Ausrichtung: zentriert, linksbündig, rechtsbündig, Blocksatz usw. Sollten Überschrift oder Untertitel gesperrt sein, um sie leichter wirken zu lassen oder um den zugewiesenen Platz attraktiver auszufüllen?

4 | Untersuchen Sie

Hintergrund kann zum Beispiel eine prosaische

1

PLATINUM SERIES WRITING INK
Won't Clog, Never Fades, Doesn't Come Cheap

2

Platinum Series Writing Ink
WON'T CLOG, NEVER FADES, DOESN'T COME CHEAP

3

Platinum Series Writing Ink
WON'T CLOG, NEVER FADES, DOESN'T COME CHEAP

4

PLATINUM SERIES WRITING INK
Won't Clog, Never Fades, Doesn't Come Cheap

1,2 | Palatino   3 | Palatino, Avenir   4,5 | Avenir, Zapfino

Lösungen, bei denen die Oberlängen des Untertitels in den Bereich der Überschrift hineinragen.

5 | *Wo kann man den Untertitel trennen, um über eine der Unterlängen der Überschrift zu springen?*

6 | Hier erhält die serifenlose Schrift einen Hauch von Eleganz, indem sie in Outline-Form dargestellt und in enge Nachbarschaft zu einer eleganten Schreibschrift gesetzt wird.

7 | Durch Sperren der Schrift und eine dünne Strichstärke wirkt diese Grotesk-Schrift verhalten kultiviert.

8 | Ziehen Sie unkonventionelle und unerwartete Schriftpaare in Betracht!

Schrift mit einem Hauch von Luxus umgeben). Die

5

Platinum Series Writing Ink
WON'T CLOG, NEVER FADES, DOESN'T COME CHEAP

6

PLATINUM SERIES WRITING INK
Won't clog, never fades, doesn't come cheap

7

PLATINUM SERIES
WRITING INK
Won't clog, never fades, doesn't come cheap

8

𝕻latinum 𝕾eries 𝖂riting 𝕴nk
Won't clog, never fades, doesn't come cheap

6 | Franklin Gothic, Edwardian Script   7 | Avenir, Kuenstler Script   8 | Fette Fraktur, Cezanne

Zusätzlich zu den Methoden für die typografische Darstellung von Überschriften und Untertiteln müssen Designer oft Möglichkeiten finden, um diese Elemente in Bilder zu integrieren.

1 | Lesbarkeit ist die erste Forderung bei der Suche nach einer Lösung, die Text und Bilder umfasst. Suchen Sie nach typografischen Anordnungen, die sich geschickt in die offenen Bereiche eines Fotos einfügen.

2 | *Wieso setzen Sie den Untertitel nicht einmal über die Überschrift?*

3 | Betrachten Sie dieses stark strukturierte, zentrierte Layout. Probieren Sie einmal ein grafisches Element aus, das nicht

Wahl einer Schrift für ein elegantes Thema

1,2 | Requiem   3 | Palatino   4 | Franklin Gothic, Zapfino

nur die Überschrift vom Untertitel trennt, sondern auch noch elegant wirkt.

4 | Ungewöhnliche Lösungen sind manchmal am besten.

5 | Dicktengleiche Schriften kommen in solch mondänem Umfeld zwar selten vor, hier jedoch wirkt die Schrift durch eine großzügige Sperrung und das Zusammenspiel mit dem eleganten Bild und dem kalligrafischen Untertitel.

6 | Anstatt sich durch eine »Einschränkung« (wie die geringe Breite dieses Posters) herausgefordert zu fühlen, betrachten Sie sie als Chance für einmalige typografische und gestalterische Möglichkeiten.

ist wie die Auswahl eines Juwels – Smaragd,

Wie wäre es mit einer stark vergrößerten, durchscheinenden Schrift im Hintergrund Ihres Entwurfs? Ein Teil der Überschrift sorgt für visuelle Aktivität im freien Raum des Bildes, während das Layout durch die Eleganz seiner Buchstabenform gewinnt.

Die Überschrift dieses Posters besteht aus Kapitälchen. Eine solche Schrift besteht aus kleineren Großbuchstaben – speziell gestaltet, um sich harmonisch in die eigentlichen Großbuchstaben einzufügen – anstelle der Kleinbuchstaben.

Beim Druck bezeichnet man die Stelle, wo die Seite geknickt wird, als »Bundsteg«.

Denken Sie an zusätzlichen Platz zwischen den Wörtern und Zeichen, wenn

(BUNDSTEG)

Rubin, Diamant, Opal oder lieber eine Perle?

PLATINUM SERIES

Won't Clog, Never Fade

typografische Elemente sich über den Bundsteg erstrecken. Das verkleinerte Layout auf der rechten Seite zeigt den Platz, der auf diesem Poster zum Ausgleichen des Bundstegs hinzugegeben wurde.

Es gibt viele Edelsteine, und jeder ist fähig,

Mit typografischen Elementen sind auffällige Layouts möglich, die ein Thema und eine Botschaft transportieren – mit oder ohne Unterstützung durch grafische Zusätze. Enthält ein Layout viel Text, dann seien Sie sorgsam bei der Auswahl der Schriften, ihrer Position und Farbe.

1 | Ein einfaches Layout aus einer einzigen Schrift reicht manchmal aus, um Aufmerksamkeit zu erregen und Informationen zu kommunizieren.

2 | *Würde ein aufwändigerer Ansatz mehr Beachtung finden? Wie wäre es, wenn Sie mehrere Schriftfamilien einsetzen und bestimmte Textelemente auf die Seite legen? Könnte das Gefühl von Tiefe verstärkt werden, indem die Elemente mehr*

durch seine ihm eigene Stimme Opulenz zu

1 | Goudy   2 | Goudy, Avenir, Kuenstler Script   3 | Bureau Empire, Bodoni Antiqua   4 | Avenir

als eine Farbe oder Schattierung erhalten? Was ist mit Linien, die eine Trennung der unterschiedlichen Textblöcke bewirken würden?

3 | Versuchen Sie einige extreme Ansätze bei der Darstellung der Überschrift. Wie wäre es mit einem ornamentalen Rahmen für Ihr Design?

4 | Wie wäre es, wenn Ihr Layout keinen echten Mittelpunkt (und auch keine Großbuchstaben) aufweisen würde?

5 | Werden Sie extrem. Warum suchen Sie nicht nach einer Lösung, die ein visuelles Thema durch eine dichte Schicht sorgfältig gewählter Schrift- und Grafikelemente betont?

verkörpern. Wenn Sie nach Eleganz streben,

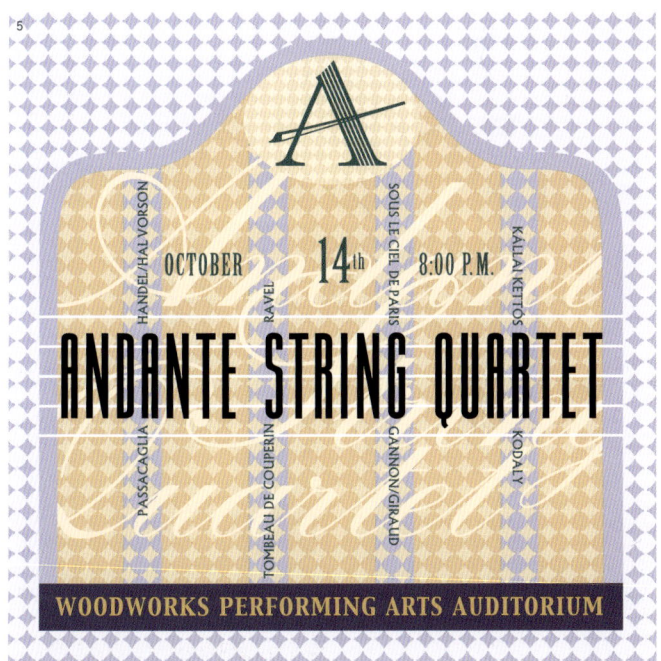

1 | Schriften, die handgemacht wirken, sind gute Anwärter für Designs, die aussehen sollen, als wären sie spontan entstanden. Variationen der Größe und Anordnung der Wörter und Buchstaben in dieser Art von Layout unterstreichen die scheinbare Improvisation.

Nutzen Sie den Computer, um Wörter und Buchstaben frei zu verändern und zu verschieben, bis Sie mit der Balance und Darstellung Ihrer Komposition zufrieden sind. Vermeiden Sie unangenehme Kollisionen zwischen Zeichen. Diese führen nur zu Durcheinander.

dann setzen Sie Überschrift, Logo und Textblöcke

1

Andante
String
Quartet
October 14 at 8pm

Sous Le Ciel De Paris ~ Gannon/Giraud

Tombeau De Couperin ~ Ravel

Passacaglia ~ Handel/Halvorsen

Kállai Kettős ~ Kodaly

Woodworks Performing Arts Auditorium

1,2 | Zapfino

2 | *Wie wäre es, wenn Sie digitale Effekte einsetzten, um den Anschein von Handarbeit in Ihrer typografischen Komposition noch zu verstärken?* Um das Aussehen von Buchstaben zu simulieren, die mit Tinte auf ein Blatt Aquarellpapier geschrieben wurden, wurde dieser Text in Photoshop importiert, wo seine Kanten mit Hilfe der Filter GLAS und FEUCHTES PAPIER aufgeraut wurden. Eine weichgezeichnete Kopie der Schrift als Ebene über dem Text wirkt, als würde die Tinte auf dem Papier verlaufen. Der Photoshop-Filter MIT STRUKTUR VERSEHEN wurde schließlich auf den Hintergrund angewandt, um ihn papierartiger aussehen zu lassen.

in verschiedenen möglichen Fonts, damit Sie ihr

1,2 | Experimentieren Sie mit verschiedenen Zeilenabständen. Ein engerer Zeilenabstand führt zu einem eher geschäftsmäßigen Ton, während ein größerer Zeilenabstand eine gewisse Lässigkeit impliziert.

3 | Normalerweise wählen Designer Serifenschriften für Textblöcke, die gepflegt wirken sollen. Eine Grotesk könnte ebenfalls in Betracht gezogen werden – vor allem, wenn die Striche dünn sind und zwischen den Zeilen ein

großzügiger Abstand gewährt wird. Das Ornament unter dem Text bringt einen Hauch von Luxus mit.

4 | Wenn Sie mit einer bescheidenen Textmenge arbeiten, könnten Sie ein grafisches Element einfüh-

Auftreten (ganz abgesehen von ihrer Fähigkeit,

1*

ork that aspires, however hum
ication in every line. And art i
pt to render the highest kind o
ht the truth, manifold and one,
d in its forms, in its colors, in
er and in the facts of life what
essential—their one illuminati
eir existence. The artist, then,
and makes his appeal.

2

A work that aspires, howe
justification in every line.
attempt to render the highe
to light the truth, manifold
to find in its forms, in its c
matter and in the facts of

3

er humbly, to the condition of
n in every line. And art itself
minded attempt to render the
visible universe, by bringing
d one, underlying its every
d in its forms, in its colors, in
aspects of matter and in the

4

to the condition of art
d art itself may be defi
highest kind of justic
e truth. ✽ Manifold a
mpt to find in its form

Der Text auf den Seiten 82–85 stammt aus Joseph Conrads Memoiren, **The Mirror of the Sea.**

1,2 | Sabon   3 | Futura   4 | Requiem

ren, um damit anstatt mit der üblichen Einrückung oder vertikalen Abstände Absatzwechsel anzuzeigen.

5 | Bei einer kleinen Textmenge kann man mit Schreibschriften und typografischen Ornamenten ein ausgesprochen raffiniertes Aussehen erreichen.

6 | *Würden Änderungen an den Grundlinien des Textes zum Thema passen?*

7 | Wenn ein attraktives Bild und eine geschmackvolle

Schrift sorgfältig integriert werden, wird das Gefühl von Eleganz verstärkt.

8 | Enthält Ihr Layout mehrere Spalten, könnten Sie diese durch dekorative Elemente voneinander trennen.

sich mit den anderen Designelementen zu arran-

1 | Dekorative Initialen sollen auf den nachfolgenden Text einstimmen. Nehmen Sie ein Zeichen aus einer entsprechenden Schriftart oder schaffen Sie Ihr eigenes. Hier steht ein **A** aus der Colonna-Schriftfamilie über einem

WebOMints-Ornament. Eine Hintergrundform rahmt beide Elemente ein.

2 | Kapitälchen leiten traditionell Textabschnitte ein. Große Schriftfamilien enthalten oft Kapitälchen in mehreren Stärken.

GEGENÜBERLIEGENDE SEITE | Der schwarze Hintergrund hinter diesem mit großem Zeilenabstand versehenen Text sorgt für eine elegant-formelle Stimmung angesichts der regelwidrigen Schriftverschiebung.

gieren) bewerten können, bevor Sie Ihre endgül-

1

A work that aspires, however humbly, to the condition of art should carry its justification in every line. And art itself may be defined as a single-minded attempt to render the highest kind of justice to the visible universe, by bringing to light the truth, manifold and one, underlying its every aspect. It is an attempt to find in its forms, in its colors, in its light, in its shadows, in the aspects of matter and in the facts of life what of each is fundamental, what is enduring and

2

A WORK THAT ASPIRES, however humbly, to the condition of art should carry its justification in every line. And art itself may be defined as a single-minded attempt to render the highest kind of justice to the visible universe, by bringing to light the truth, manifold and one, underlying its every aspect. It is an attempt to find in its forms, in its colors, in its light, in its shadows, in the aspects of matter and in the facts of life what of each is fundamental, what is enduring and essential—their one illuminating and convincing quality—the very truth of their

A work that aspires, however humbly, to the condition

should carry its justification in every line. And art itself m

defined as a single-minded attempt to render the highest

tige Entscheidung treffen. Typografie ist ideal

of justice to the visible universe, by bringing to light the

manifold and one, underlying its every aspect. **It is an att**

to find in its forms, in its colors, in its light, in its shad

in the aspects of matter and in the facts of life wh

each is fundamental, what is enduring and essential—

one illuminating and convincing quality—the very truth of their ex

The artist, then, like the thinker or the scientist seeks the truth and

Beachten Sie bei der Suche nach einem raffinierten Layout alle beteiligten visuellen und kompositorischen Elemente. Unterstützen Sie die Wirkung Ihrer eleganten Schrift durch Inhalt, Farben und Ästhetik, die zu einem anspruchsvollen Ergebnis führen.

1,2 │ Bedenken Sie die relative Bedeutung der typografischen Elemente. Sollen sie dominieren oder sich unterordnen? Welche Optionen haben Sie?

3-6 │ Manchmal ist Eleganz aufdringlich und barock. Dann wieder drückt sie sich still und sparsam aus. Testen Sie Layout-Ideen, die den Betrachter gleichermaßen ökonomisch und eloquent ansprechen.

zum Übermitteln visueller Eleganz. Halten Sie Ihre Augen offen für die Arbeit von Designern, die das Wesen visueller Anmut erfolgreich erfasst haben. Suchen Sie in modernen wie in historischen Quellen nach

1

2

1,2 │ Charlemagne, Franklin Gothic, Edwardian Script, Sabon

3

4

Beispielen für auserlesene typografische Designs.

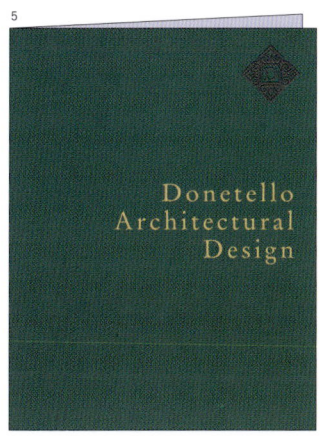

5

Donetello
Architectural
Design

6

Schriften in diesem Kapitel:

Aus jeder Schriftfamilie wird ein Vertreter gezeigt.

SERIFENSCHRIFTEN	Colonna
Albertus	COPPERPLATE
Baskerville	Didot
Birch	Goudy
Bodoni Antiqua	Hoefler Text
CAPITALS	Mona Lisa Recut
Caslon	Optima
Caslon Openface	Palatino
CASTELLAR	PERPETUA
Century	Requiem
CHARLEMAGNE	Sabon
Cochin	Stempel Garamond

GROTESK-SCHRIFTEN

Avenir

Bureau Empire

Formata

Franklin Gothic

Futura

Giotto

Helvetica

House Gothic

Knockout

NICHTPROPORTIONALSCHRIFTEN

Andale Mono

SCHREIBSCHRIFTEN UND KALLIGRAFISCHE SCHRIFTEN

Fette Fraktur

Edwardian Script

Kuenstler Script

Cezanne

Zapfino

DISPLAY-SCHRIFTEN

Gypsy Switch

ORNAMENT-FONTS

Hoefler Ornaments

Requiem Ornaments

WebOMints

Zeichenabstände

Wenn Sie mit Ihrem Computer schreiben, dann generiert das Dokument, in dem Ihre gewählte Schrift enthalten ist, sowohl die sichtbaren Zeichen als auch die unsichtbaren Abstände zwischen Buchstaben und Wörtern. Ich konzentriere mich hier darauf, wie Sie diese Abstände einstellen können, wenn ein Wort besonders hervorgehoben werden soll.

Nach dem Eingeben von Überschrift oder Logo in den Computer vergrößern Sie diese auf Bildschirmgröße. Schielen Sie aus einer gewissen Entfernung vom Bildschirm auf das Wort (dadurch werden »dunkle Flecken« und »Löcher« hervorgehoben – Bereiche, in denen die Abstände zu klein oder zu groß sind). Passen Sie die problematischen Buchstabenabstände an, bis das Wort einen konsistenten Gesamteindruck macht.

Verlassen Sie sich auf Ihr Auge – nicht auf ein Lineal –, um festzustellen, wann die Abstände stimmen. Konzentrieren Sie sich auf Gruppen aus drei (benachbarten) Buchstaben gleichzeitig; passen Sie die Abstände in dieser Gruppe an, bis jedes Trio demselben Standard zu gehorchen scheint. Falls Sie sich unsicher

sind, bitten Sie einen erfahrenen Designer um Hilfe.

Zeichenabstände können mit den entsprechenden Steuerungen in der Software* oder durch das Konvertieren der Buchstaben in Pfade** und manuelles Verschieben der Zeichen eingestellt werden.

Vergleichen Sie die vorgegebenen Abstände in [1] mit den angepassten Abständen in [2]. Beachten Sie die visuelle Unausgeglichenheit des ersten im Vergleich zu seinem Gegenstück.

Kleinere Abstände als normal erfordern oft leichte Änderungen an den Zeichen [3], um eigenartige Verbindungen zwischen den Zeichen zu vermeiden. (Konvertieren Sie die Zeichen vor dem Ändern in Pfade.)

Probleme mit den Zeichenabständen betreffen groß- wie kleingeschriebene Wörter [4, 5].

*Programme für Designer besitzen diese Steuerungen meist.   **Mit Illustrator, Freehand, Photoshop usw.

KATYDID

1

a   b

Vorgegebener Zeichenabstand. Die Zeichen sind nicht gleichmäßig angeordnet – beachten Sie die Diskrepanzen bei den Zeichen in [a] und [b].

KATYDID

2

c

Angepasste Abstände. Das Wort wirkt nun visuell konsistent. Erlauben Sie es den Zeichen, einander zu berühren [c], wenn dadurch eine gleichmäßige Anordnung erreicht wird. Die Anpassungen können subtil sein: Die hellblauen Zeichen im unteren Beispiel zeigen die ursprünglichen Zeichenpositionen vor dem Verschieben.

KATYDID

KATYDID

d

3

Enge Abstände. Die Serifen von **T** und **Y** wurden an der Verbindungsstelle speziell geformt [d]. Führen Sie bei Bedarf solche Anpassungen durch, achten Sie aber auf die Lesbarkeit der einzelnen Zeichen.

Katydid

4

g   h

Durch den vorgegebenen Zeichenabstand sind getrennte visuelle Gruppen aus den Buchstaben in [g] und [h] entstanden. Wenn Sie auf dieses Beispiel schielen, treten diese Gruppen deutlich hervor.

Katydid

5

i

Nach dem Anpassen des Abstands wurde die Serife am Schenkel des **K** verkürzt [i], damit sie das **a** nicht stört (das etwas nach links verschoben wurde).

Ordnung

Es wird gezeigt, wie **Ordnung, Balance, Regelmäßigkeit** und **Stabilität** durch Schrift und deren unterstützende kompositorische Elemente dargestellt werden können.

Aufgrund der Disziplin ihrer Formen sind die sieben hier gezeigten serifenlosen Zeichen ideale Vertreter für die Themen dieses Kapitels: Ordnung, Balance, Regelmäßigkeit und Stabilität. Oft wählen Designer solche knap-

pen und zweckmäßigen Schriften, wenn sie Klarheit und Pünktlichkeit darstellen wollen.

1-3 Für einen oberflächlichen Beobachter mögen viele Grotesk-Schriften identisch erscheinen. Hinweise

auf die Individualität dieser Schriften finden sich am besten in den Abschlüssen ihrer Striche. Beachten Sie die unterschiedlichen Winkel an den Enden dieser drei Buchstaben. Erwerben Sie die Fähigkeit, die Varianten anhand

Wenn Sie für Kunden arbeiten, die mit prak-

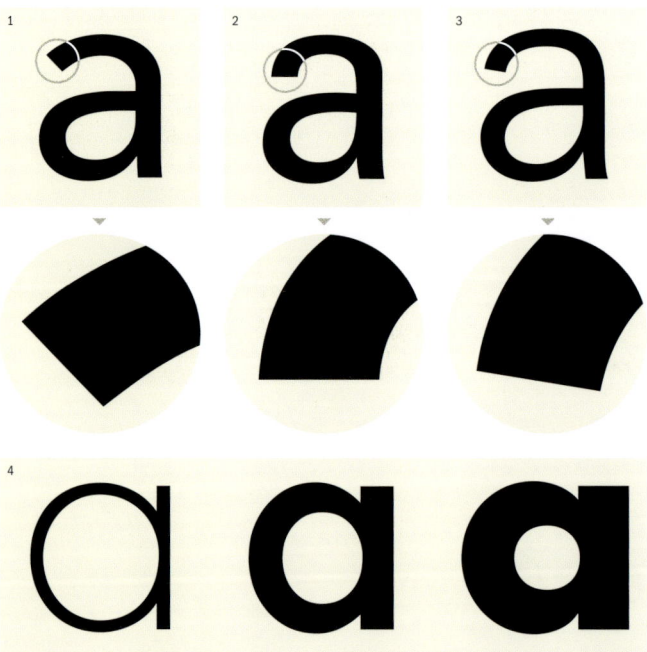

1 | Avenir   2 | Univers   3 | Franklin Gothic   4 | Futura   Gegenüberliegende Seite | Helvetica

dieser winzigen Details zu unterscheiden – vor allem, wenn sie vervielfacht auf einer typischen Textseite vorkommen.

4 | Bei anderen serifenlosen Schriften sieht das »**a**« völlig anders aus.

DIESE SEITE | Wegen ihrer scheinbaren Einfachheit übersehen viele Betrachter die Ästhetik in den Grotesk-Schriften. Genießen Sie für einen Moment dieses fein gestaltete Helvetica **a** (entworfen 1957 von Edouard Hoffmann und Max Miedinger). *Sind Sie überrascht von der anmutigen Ausweitung und Verjüngung seiner Striche beim Übergang zwischen den Buchstabenteilen? Und erst diese negativen Räume! Wunderbar, inspirierend, aufschlussreich.*

tischen Diensten und Produkten zu tun haben,

Die ausschließliche Darstellung von Grotesk-Schriften auf der vorhergehenden Doppelseite bedeutet nicht, dass nur Buchstaben dieses Genres mit den Stimmen von Ordnung und Autorität sprechen können. Auch Serifenschriften, vor allem solche, die auf eine lange Geschichte blicken (wie die unten dargestellte Schrift – eine aus dem 20. Jahrhundert stammende Version einer Schrift, die am Ende des 16. Jahrhunderts von Claude Garamond geschaffen wurde), können eine vertrauenswürdige Atmosphäre aufbauen. Bestimmte Schriften können, wenn sie ordentlich und präzise präsentiert werden, sogar die absurdesten Behauptungen glaubwürdig erscheinen lassen (eine Tatsache, die Werbetreibenden seit jeher bekannt ist).

dann ist Ordnung meist die erste Regel des

The world is

Stempel Garamond

Geschäfts. Oft fordern Firmen aus den Bereichen

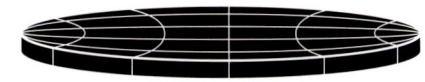

flat.

Das Gefühl von Ordnung kann durch die Verknüpfung von grafischen Elementen und Text verstärkt werden. Nehmen Sie die hier dargestellten Konzepte als Beispiel, wenn Sie in einer typografischen Komposition Präzision und Regelmäßigkeit ausdrücken wollen.

1 | Mit einfachen Linien und Formen kann eine ordentliche Umgebung für die Schrift geschaffen werden. *Wie wäre es mit kontrastierenden Linien- und Schriftstärken? Was wäre, wenn Zeichen und Linie gleich stark sind?*

2 | Fette, einfache Formen können als Rahmen dienen und eine wilde Schrift zähmen.

Finanzen, Medizin, Wissenschaft und Recht ihr

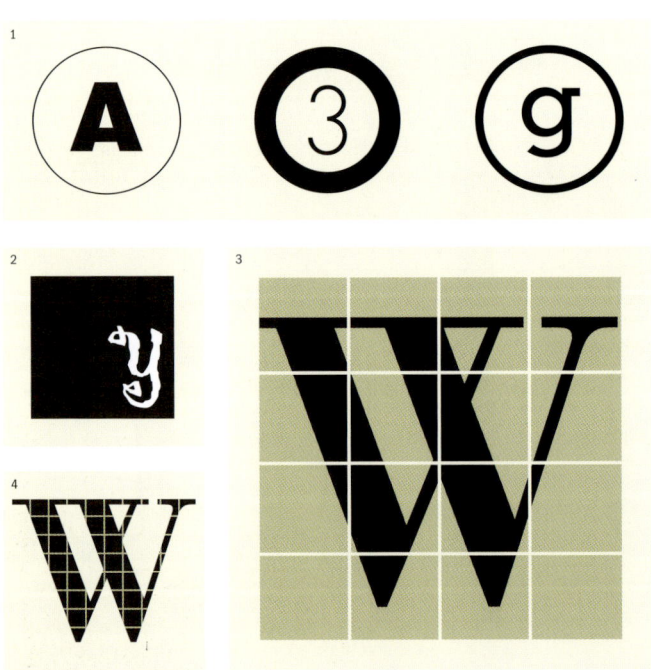

1 | Futura, Helvetica, Rockwell   2 | Hollyweird   3,4 | Bodoni Antiqua

3,4 | Mit einem Gitter hinter – oder in – typografischen Elementen vermitteln Sie das Gefühl von Struktur und Organisation.

5 | Konsistenz und Balance bedeuten Ordnung. Die sorgfältig zentrierte Schrift in diesem Logo – auch das geneigte **c**, das als Icon dient – gehört zu einer einzigen Fontfamilie.

6-9 | Man kann Schrift mit (pseudo)technischen grafischen Elementen kombinieren, um Designs den Anschein von Planung und Präzision zu geben.

10 | Interpunktionen lassen aufgrund ihrer kompositorischen Präsenz *und* ihrer textlichen Bedeutung ein Textelement beherrschbar und endgültig wirken.

Zielpublikum (durch visuelle Medien) auf, sich

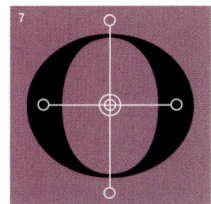

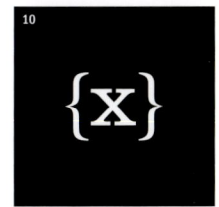

5 | Futura   6 | Hoefler   7 | Engravers   8 | Avenir   9 | Berkeley Old Style   10 | Clarendon

1 | Balance, Harmonie, Regelmäßigkeit und Organisation: Architekten, Innenausstatter und Bildhauer greifen auf diese Attribute zurück, wenn sie Ordnung für ihre Kreationen beschreiben. Es überrascht nicht, dass diese Qualitäten auch für Grafikdesigner gelten, wenn diese nach Stabilität für ihre typografischen Strukturen streben.

2 | Hier wird ein möglicher Zusammenprall der Persönlichkeiten der Schriften verhindert, indem die technischer wirkenden Zeichen des Monogramms in ein farbiges Rechteck gesetzt werden, das sie von der Gebrauchsschrift für den Firmennamen trennt. Mit solchen Taktiken vermeiden Sie visuelle

mit seriösen Belangen wie Investitionen, medi-

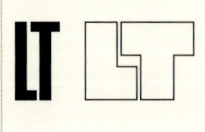

1 | Franklin Gothic   2 | Buzzer Three, News Gothic   3 | Univers

Missstimmungen zwischen den kontrastierenden Schriften Ihrer typografischen Komposition.

3-5 | Seien Sie offen für potenzielle Verflechtungen und Verknüpfungen von Buchstabenformen –

bestimmte Kombinationen aus Buchstaben ermöglichen einmalige Designs. Konvertieren Sie Zeichen notfalls in Pfade, um sie zu verändern.

6-8 | Eine Schrift, fünf mögliche Monogramme.

Das Gefühl von Ordnung wird in all diesen Entwürfen durch Kompositionen erreicht, die die eingangs beschriebenen Kriterien befolgen: Balance, Harmonie, Regelmäßigkeit und Organisation.

zinischen Behandlungen und Rechtsbeistand zu

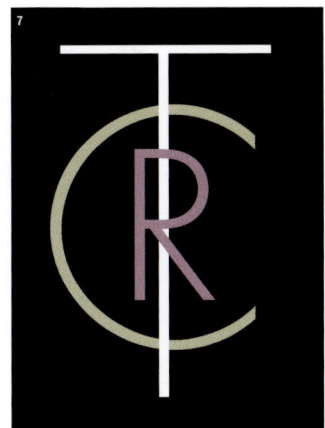

Geregelte und ausgefallene Themen können harmonieren und so zwischen den formalen Aspekten der Geschäftswelt und den informellen Eigenheiten eines bestimmten Geschäftsbereiches vermitteln.

1 | In diesem Design verleihen das sorgsam gestaltete Monogramm und die Symmetrie des Entwurfs den Einflüssen der schmalen Schrift, der schrägen Grundlinien und des lebhaften Hintergrunds das Gefühl von Disziplin.

2,3 | Hier wurde für den Mittelteil des unten gezeigten Logos eine harmonische Verbindung zwischen dem Monogramm und seinem Hintergrund gesucht. Um einen visuellen Einklang zu erreichen, dient ein Detail aus dem Monogramm

befassen. Werbung, Broschüren, Verpackungen,

1

[2] als Basis für das Hintergrundmuster [3]. Dieser Ansatz ist für die Erzeugung von Mustern alles andere als üblich, sollte aber in Betracht gezogen werden, wenn die Harmonie des Entwurfs gestärkt werden soll.

Poster und Webseiten, die diese Botschaften trans-

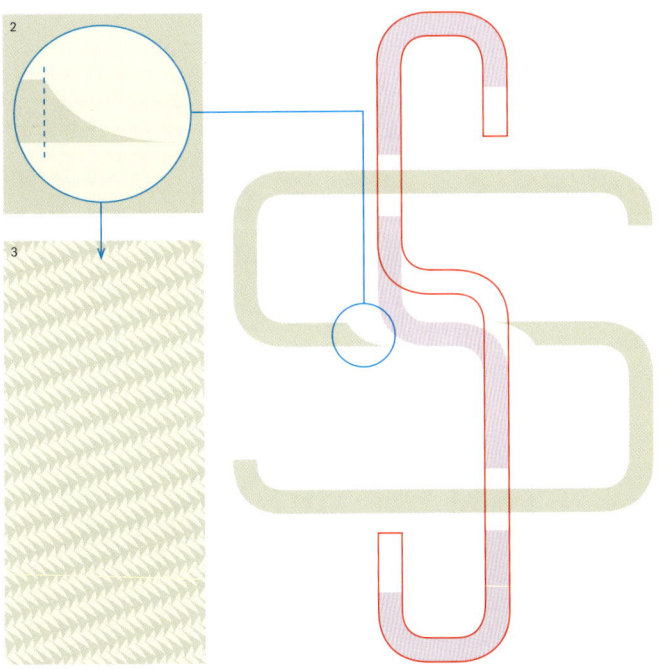

Prüfen Sie diese vier Methoden, ORDNUNG in eine Wortgrafik zu bringen:

1 | ORDNUNG als *allgemeines Thema*. Hier werden unterstützende Bilder und ein eigener typografischer Dreh auf ein Wort angewandt, das Ordnung impliziert. Wenn Sie nach dieser Art von typografischem Ausdruck streben, dann wählen Sie eine Schrift, deren Form aufgrund ihres Konzepts und ihrer Struktur die Designziele unterstützt.

2 | ORDNUNG als *Themenverstärker*. Symmetrie ist ein ästhetisches Mittel, um Ordnung und Balance durchzusetzen. In diesem Beispiel dient das Wort »symmetry« sich selbst als demonstrative Grafik.

portieren, müssen deshalb so präsentiert werden,

1 | Knockout   2 | Edwardian Script

Erkunden Sie Themen wie Muster, Drehung, Balance und Harmonie durch eigene Wortgrafiken!

3 | ORDNUNG als *Themengenerator*. Callouts lassen auf Organisation schließen. Manchmal dienen Callouts informativen Zwecken; manchmal ist ihre Rolle thematisch oder dekorativ. Berücksichtigen Sie neben Callouts andere visuelle Elemente, die Ordnung verdeutlichen: Gitter, exakte Muster, Linien usw.

4 | ORDNUNG als *Designansatz*. Könnte eine übertrieben methodische Anordnung der Elemente Ihrer Komposition die Vermittlung ihrer Botschaft verbessern und die Aufmerksamkeit des Betrachters erregen?

dass sie das Vertrauen des Betrachters wecken.

Hier wurden Fotografie und Schrift in einem ordentlichen Konzept zusammengeführt (Ordner = Verkörperung von Organisation). Designer schaffen oft solche thematisch schrägen Bilder für Bucheinbände, Präsentationsmappen, Webseiten, Poster, Broschüren und Anzeigen. *Wie wäre es, wenn Sie den Ansatz Bild + Typografie auf eines Ihrer Projekte anwenden?* (Hinweis: Die Schrift in diesem Bild wurde mit Hilfe von EBENEN in Photoshop über leere Karteireiter platziert.)

Vertrauenswürdigkeit und Stabilität werden

Everything

Century Schoolbook

durch Designs verstärkt, die klar organisiert place. in its

Einfache Lösungen für Logos sind oft perfekt geeignet für ernsthafte Unternehmen, wie die Entwürfe auf diesen Seiten zeigen.

1 | Zuerst eine gründliche Betrachtung möglicher

Schriften. *Welche Schriften spiegeln die Persönlichkeit und den Zweck des Unternehmens Ihres Kunden am besten wider?*

2-4 | Sobald Sie einige Favoriten ermittelt haben, untersuchen Sie ver-

schiedene Ausrichtungen, Stile und Schreibweisen. Bewerten Sie ihre jeweiligen Vorzüge anhand der visuellen und thematischen Ziele des Designs.

5 | Sie können unterschiedlich breite Wörter in

sind und sich durch Balance, Regelmäßigkeit

1

Employment
Agency
Granville
Employment
Agency

**Granville
Employment
Agency**

**Granville
Employment
Agency**

Granville
Employment
Agency

Granville
Employment
Agency

Employment
Agency

Granville
Employment
Agency

**Granville
Employment
Agency**

Granville
Employment
Agency

Employment
Agency

Granville
Employment
Agency

Granville
Employment
Agency

Granville
Employment
Agency

**Granville
Employm
Agency**

Granville
Employment
Agency

Granville
Employ

2

Granville
Employment
Agency

Granville
Employment
Agency

Granville
Employment
Agency

3

*Granville
Employment
Agency*

*Granville
Employment
Agency*

*Granville
Employment
Agency*

4

GRANVILLE
EMPLOYMENT
AGENCY

GRANVILLE
EMPLOYMENT
AGENCY

GRANVILLE
EMPLOYMENT
AGENCY

einem Block ausrichten, indem Sie entweder die Laufweiten oder die Größen der Wörter ändern. Hier funktioniert keine der Techniken besonders gut. Bei der ersten Methode ist zwischen den Buchstaben des Wortes **agency** zu viel

Platz, beim zweiten Ansatz wird ein Wort überbetont, das es nicht verdient. Das nächste Beispiel zeigt eine mögliche Lösung.

6 | Linien lassen Ihre flatternde Wortgruppe als Block erscheinen.

7–9 | *Anstatt den Text zu stapeln, könnten Sie ihn doch auch horizontal setzen, oder?* Probieren Sie verschiedene Fonts, Variationen bei Wort- und Zeichenabständen, unterschiedliche Schriftstärken, Linien und Hintergründe.

und Harmonie auszeichnen. Die dafür gewähl-

5

GRANVILLE
EMPLOYMENT
A G E N C Y   ⊘   GRANVILLE
EMPLOYMENT
AGENCY

6

GRANVILLE
EMPLOYMENT
AGENCY

7

Granville Employment Agency

8

Granville**Employment**Agency

9

GRANVILLE **EMPLOYMENT** AGENCY

Aufbauend auf den Untersuchungen der Logoentwürfe der vorhergehenden Doppelseite werden hier nun zusätzlich grafische Elemente hinzugefügt.

1,2 | Durch Wiederholung kann man das Gefühl von Konsistenz erreichen. Im ersten Beispiel wird dies durch Linien realisiert, den gleichen Zweck verfolgen die rechteckigen Felder im zweiten Entwurf.

3,4 | Hier werden durch die Kombination von Icons und Schrift Bedeutung und Vitalität der Präsentation erhöht. Die ausgeglichene und saubere Wiedergabe dieser Zusätze stellt sicher, dass das umfassende

ten Schriften sind normalerweise einfach, gut

1,2 | Lucida Sans Typewriter   3,4 | Avenir   5,6 | Bodoni Antiqua

Gefühl von Ordnung bei dem Logo erhalten bleibt.

5 | Exakte Rahmen stehen für Organisation. Hier sorgen die winzigen Eckmarkierungen für den Anschein von Akkuratesse und knapper Präzision.

6 | Wieder wurde der Logotext in ein grafisches Element gesetzt. In diesem Fall erinnert der Rand an das Schild am Auszug eines Aktenschranks – ein Thema, das zur Persönlichkeit dieses Unternehmens passt.

Spielen Sie mit Ideen, während Sie einen thematisch passenden Zusatz für ein Logo suchen.

7 | Logos sind Layouts – probieren Sie am Computer verschiedene Möglichkeiten aus!

esbar und schnörkellos. Dennoch müssen sie

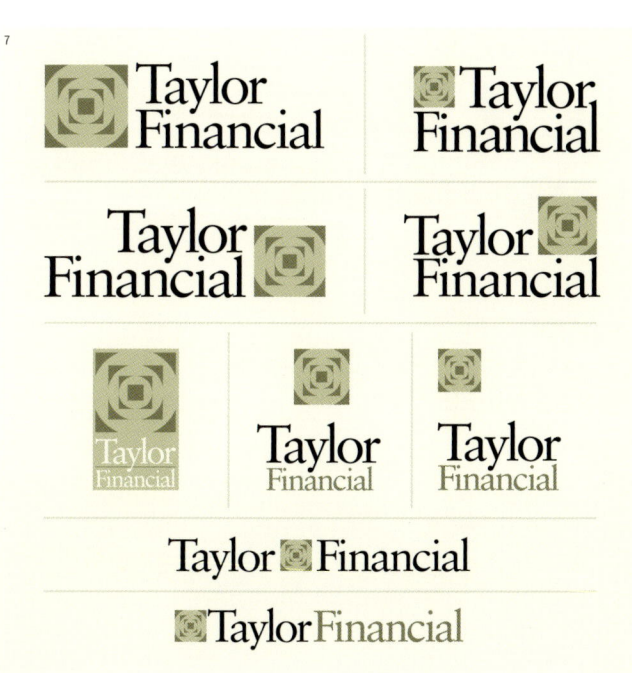

7

Diese Anzeigen sollen Ihnen bei der Suche nach möglichen Überschriften für Projekte helfen, bei denen die Übermittlung der primären Botschaft im Mittelpunkt steht.

Da das beworbene Produkt eine Naturmedizin ist, wurden für jeden Entwurf zwei thematische Ansätze gemischt: sympathische Wärme und verbindliche Glaubwürdigkeit.

1 | Hier wird die lockere Präsentation einer freundlichen Serifenschrift durch die Strenge der gewissenhaften Gruppierung und Zentrierung ausgeglichen.

2 | In diesem Entwurf wird die seriöse Darstellung der Überschrift durch ein Bild des Produkts unterbrochen und aufgelockert.

nicht steril sein, um in der anspruchsvollen

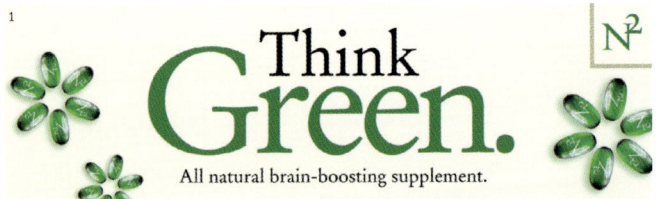

1,2 | Stempel Garamond, Requiem (Logo, alle Beispiele)   3 | Gill Sans, Stempel Garamond

3,4 | Der Eindruck von Seriosität kann durch sichtbare strukturierende Elemente wie die Felder verstärkt werden, die die Texte in diesen Designs trennen und organisieren. Die Darstellung der fetten serifenlosen Überschriften soll ein wenig übertrieben wirken – nicht zu lustig, aber auch nicht zu seriös.

5,6 | Verpackungen von Medikamenten haben früher oft gegensätzliche Themen wie Autorität und Wärme gemischt. Die Exaktheit dieser Layouts verstärkt das Gefühl von Tüchtigkeit, während die Natur-orientierten Ornamente Heilung und Humanität versprechen. *Könnten solche gegensätzlichen Themen die Botschaft eines Ihrer Projekte vertiefen?*

Welt des strengen Designs zu bestehen. Es

Auf diesen Seiten werden Visitenkartenlayouts (wirkliche Größe) für Untersuchungen an typografischen Montagen verwendet. Bei derart vielen notwendigen Informationen wie hier müssen kompositorische Entscheidungen getroffen werden, die dabei helfen, Konfusion zu vermeiden.

1 | Ordnung und Einfachheit gehen oft Hand in Hand; was könnte einfacher sein als eine solche zentrierte typografische Lösung? Über

Schriftstärken, -größen, -farben und -abstände lassen sich zusammengehörende Informationen gruppieren.

Kreativ wirkt dieses Design durch das Geisterbild-Monogramm im Hintergrund.

gibt viele Schriften, die sowohl Ordnung al.

1

AKIZAWA DATA RECOVERY
On-site Data Recovery since 1999

John H. Smith
Vice President

1234 56th Avenue Northwest, Suite 4061
Seattle, Washington 98225
Wk: 206.765.4321 | Cel: 206.123.4567
john@akizawadata.com

AKIZAWADATA.COM

2

AKIZAWA ADR
DATA RECOVERY

John H. Smith | 1234 56th Ave. N.W., #4061
Vice President | Seattle, Washington 98225
Wk: 206.765.4321
john@akizawadata.com | Cel: 206.123.4567
AKIZAWADATA.COM | ON-SITE DATA RECOVERY SINCE 1999

2 | *Linien? Farben? Felder? Überdrucken und invertierte Schrift? Einmal alles?* Einfachheit ist nicht der einzige Weg zu typografischer Ordnung.

3,4 | Diese Beispiele zeigen eine klare Ordnung durch sauber ausgerichtete und verteilte typografische Elemente.

Die Unterschiede zwischen den beiden Layouts verdeutlichen eine Reihe von gangbaren Wegen. Schauen Sie sich an, wie jeweils mit Grundlinien, Farbwechseln, Spalten und Linien gearbeitet wird. Beachten Sie, wie Wörter manchmal abgekürzt, erweitert oder an eine andere Stelle verschoben werden, um den Interessen des Layouts zu dienen.

auch Wärme, Kreativität oder Modernität

3

AKIZAWA DATA RECOVERY
On-site Data Recovery since 1999

AKIZAWADATA.COM

John H. Smith
Vice President

1234 56th Avenue Northwest
Suite 4061
Seattle, Washington 98225

Wk: 206.765.4321
Cel: 206.123.4567

john@akizawadata.com

4

AKIZAWA DATA RECOVERY

John H. Smith *Vice President*

1234 56th Ave. N.W., #4061
Seattle, Washington 98225
Wk: 206.765.4321
Cel: 206.123.4567

john@akizawadata.com

AKIZAWADATA.COM
On-site Data Recovery since 1999

Gedruckte Formen und der unsichtbare Sinn des Textes, den sie verkörpern, erreichen den Betrachter durch die visuelle, physische, dimensionale und taktile Welt von Papier und Tinte. Diese greifbaren Eigenschaften wirken stark

auf die thematischen und ästhetischen Werte der Typografie eines Designs.

Denken Sie als Designer an diese Variablen, wenn Sie Ihr Layout erstellen. Reden Sie mit Ihrem Drucker über weitere Produktionsmöglichkeiten

wie Foliendruck, Stanzen, Prägungen und Bohren. Schauen Sie sich an, wie andere Designer Papier, Tinte und Bindungen einsetzen, um die Präsentation ihrer Stücke zu verbessern.

ausstrahlen. In strengen Layouts haben solche

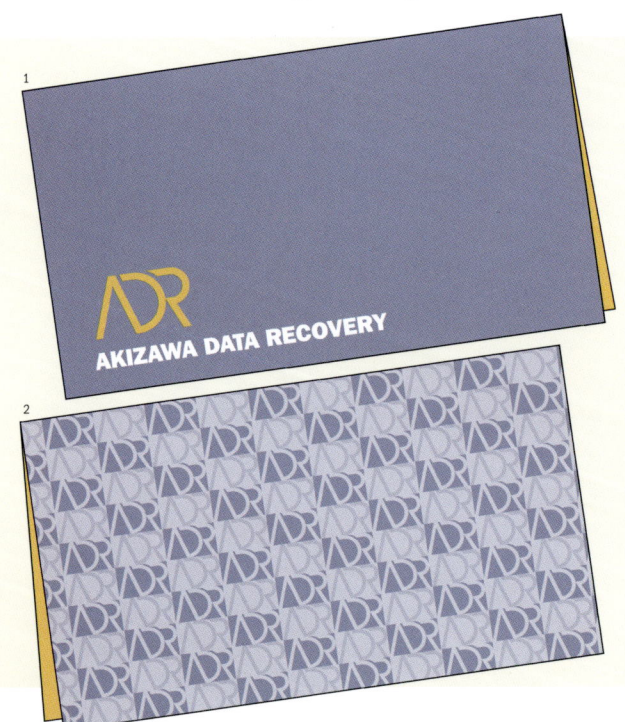

1-3 | Welchen Unterschied *Dimensionen machen! Wie wäre es mit einer gefalteten Visitenkarte?*

Die Vorderseite dieses Designs **[1]** zeigt den Namen und das Logo des Unternehmens, die Rückseite **[2]** ist mit einem dekorativen Muster aus dem Monogramm der Firma gefüllt. Die Innenseite **[3]** enthält eine Wiederholung des Monogramms zusammen mit einem Slogan und den erforderlichen Firmeninformationen. Eine Person, die eine solche Karte entgegennimmt, wird jedes Mal, wenn sie die Karte anschaut oder auffaltet, einen frischen visuellen Eindruck gewinnen.

Fonts die gleiche Wirkung wie eine geschmack-

3

On-site Data Recovery since 1999

John H. Smith *Vice President*

1234 56th Avenue Northwest
Suite #4061
Seattle, Washington 98225

Wk: 206.765.4321
Cel: 206.123.4567

john@akizawadata.com

AKIZAWADATA.COM

Eine Antwortkarte ist ein gutes Beispiel für ein Projekt, bei dem Bedienbarkeit vor thematischen Schnörkeln kommt. Suchen Sie anhand dieser Designs Wege zur benutzerfreundlichen Präsentation von Informationen.

1,2 | *Soll Ihre Schrift auf [3] oder über den Linien sitzen [2]?* Wird Ihr Text über den Linien angeordnet, dann sollten die Unterlängen die Linien entweder nicht berühren oder sie ordentlich überschneiden. (Sie vermeiden

das Problem, wenn Sie mit Großbuchstaben arbeiten.)

3 | Dieses Layout zeigt eine verwirrende Beziehung zwischen dem Text und den Linien – es wird nicht klar, ob der Benutzer des Formulars auf der Linie oder unter

volle Seidenkrawatte oder eine angesagte Brille

1

Yes, please send me more information.

First name: _____ Last name: _____

Company (opt.): _____

Street: _____ Apt/Suite #: _____

City: _____ State/Province: _____

Zip/Postal code: _____ Country: _____

Phone: (_____)

This is a ☐ *work* ☐ *home phone number (please check one).*

Email (opt.): _____

2

First name:

Company (opt.):

Street:

City:

3

First name:

Company (opt.):

Street:

City:

dem Label schreiben soll. Vermeiden Sie dies!

4 | Text kann direkt auf der Zeile stehen, wenn er so fett ist, dass die unteren Teile von Buchstaben wie **E** und **L** nicht auf der Linie verschwinden.

5 | *Wie wäre es, wenn Sie den Text mit Hilfe von Hintergrundfeldern umkehren?*

6 | Setzen Sie doch einmal Punkte, Striche (auch von Hand gezeichnet) anstelle der Linien ein.

7 | Kleine Kästchen sorgen dafür, dass ein Formular ordentlich und leserlich ausgefüllt wird.

8,9 | *Wäre es möglich, wichtige Bereiche mit Linien oder Feldern zu definieren?*

---

bei einem ansonsten konservativ gekleideten

4

FIRST NAME: _____
COMPANY (OPT.): _____
STREET: _____
CITY: _____

5

FIRST NAME: _____
COMPANY (OPT.): _____
STREET: _____
CITY: _____

6

First name: ....
Company (opt.): ....
Street: ....
City: ....

7

FIRST NAME ☐☐☐☐☐☐☐
COMPANY (OPT) ☐☐☐☐☐☐☐
STREET ☐☐☐☐☐☐☐
CITY ☐☐☐☐☐☐☐

8

FIRST NAME:
COMPANY (OPT.):
STREET:
CITY:

9

FIRST NAME:
COMPANY (OPT.):
STREET:
CITY:

4,5 | Franklin Gothic   6 | Sabon   7 | Andale Mono   8,9 | Sabon

Die folgenden beiden Doppelseiten zeigen eine Vielzahl von Methoden, um dichtgepackte Textinformationen wie diese fotografischen Klassifikationen zu präsentieren (zitiert aus einem Buch von Ansel Adams).

1 | Der sorgfältige Einsatz von Tabulatoren, verschiedenen Schriftstärken und Kursiven könnte ausreichen, um die unterschiedlichen Informationsstufen innerhalb eines Textblocks klar zu ordnen.

2 | Wenn es erlaubt ist,

setzen Sie Untertitel und kompositorische Hilfen (wie diesen zweispaltigen Ansatz) ein, um zusätzliche Klarheit und Struktur in die präsentierten Informationen zu bringen.

3-6 | Linien sind die Meister

Geschäftsmann. Verfolgen Sie in den Medien

1

Portraiture can be classified as follows;

1. The casual or "candid" approach which stresses subject aspects over planned or carefully conceived compositions.

2. The environmental approach which strives to organize the subject together with significant objects, etc.

3. The formal "studio" approach where the subject is stressed together with the elements of personal or conventional style.

2

	PORTRAITURE CAN BE CLASSIFIED AS FOLLOWS;
CASUAL	1. The casual or "candid" approach which stresses subject aspects over planned or carefully conceived compositions.
ENVIRONMENTAL	2. The environmental approach which strives to organize the subject together with significant objects, etc.
FORMAL	3. The formal "studio" approach where the subject is stressed together with the elements of personal or conventional style.

Der Text auf den Seiten 120–124 stammt aus *Camera and Lens, The Creative Approach*, von Ansel Adams.

der Organisation. *Wie wäre es mit Linien, um Ihre Informationen zu trennen und einzurahmen?* Testen Sie verschiedene Stärken, Formen, Farben und Positionen sowohl für die Linien als auch für den Text.

die Themen Finanzen, Medizin, Wissenschaft

3

Portraiture can be classified

1. The casual or "candid" appr
stresses subject aspects or
carefully conceived compo.

2. The environmental approac
to organize the subject tog
significant objects, etc.

3. The formal "studio" approa
subject is stressed togethe
elements of personal or cor

4

Portraiture can be

1 The casual or "candid" :
subject aspects over pl
conceived composition

2 The environmental ap
organize the subject to
objects, etc.

3 The formal "studio" app
is stressed together with

5

Portraiture can be classified as follows

| **1** | The casual or "candid" approach which stresses subject aspects over planned or carefully conceived compositions. | **2** | The environmental approach which strives to organize the subject together with significant objects, etc. | **3** | The formal "studio" approach where the subject is stressed together with the elements of personal or conventional style.

6

Portraiture can
classified as fol

The *casual* or "candid" a
which stresses subject as
planned or carefully conc
compositions.

The *environmental* appro
strives to organize the su
together with significant ob

① ②

1 | Eine computerartige Präsentation kann ein übertriebenes Gefühl für das Absolute vermitteln. Durch die dicktengleiche Schrift, **>**-Symbole und einen Hintergrund wie ein Kontenblatt wirkt der Entwurf sehr technisch.

Wenn Ihnen ein solcher Ansatz für ein Projekt gefällt, lesen Sie KAPITEL 5.

2 | *Warum nicht ein eher lockerer Ansatz?* Hier stehen die Themen Freundlichkeit und Ordnung harmonisch nebeneinan-

der. Vergleichen Sie diese Lösung mit der darüber – welche Art von Leser wird davon angesprochen? Denken Sie beim Entwurf an die Vorlieben Ihrer Zielgruppe! SIEHE DAS PUBLIKUM ANSPRECHEN, SEITE 128.

und Recht, um Ihren Sinn für die verschiedenen

1
```
Portraiture can be classified as follow
> 1.The casual or "candid" approach wh
stresses subject aspects over planned o
carefully conceived compositions.
> 2.The environmental approach which stri
to organize the subject together with
```

2

Portraiture can be classified as follows

The casual or "candid" approach which stresses subject aspects over planned or carefully conceived compositions.

1.

2.

The environmental approach which strives to organize the subject together with significant objects, etc.

3. The formal "studio" approach where the subject is stressed together with the

1 | Andale Mono   2 | House Gothic

3 | ... und falls Ihr Publikum einen feinen Geschmack hat, dann greifen Sie auf Schriften und kompositorische Ansätze zurück, die einen Sinn für Eloquenz und Stabilität vermitteln.

Formen von Ordnung und Professionalität zu

ortraiture

can be classified

as follows;

The casual or "candid" approach which stresses subject

aspects over planned or carefully conceived compositions.

The environmental approach which strives to organize the

subject together with significant objects, etc.

The formal "studio" approach where the subject is stressed

together with the elements of personal or conventional style.

1 | Zur Erinnerung: Ein Design kann ästhetisch »geglückt« sein und trotzdem durchfallen, weil das thematische Ziel nicht erreicht wurde. *Unterschiedliche Schriften, helle Farben und geneigte Felder erbringen zwar*

eine verspielte und energiegeladene Webseite, flößen sie jedoch der Sorte Kunden Vertrauen ein, die viel Geld in Architekturprojekte investieren würde? Vermutlich nicht.

2,3 | Balance, Harmonie, Regelmäßigkeit und Organisation. Die sauber strukturierten Texte und Grafiken auf dieser ordentlichen Webseite vermitteln viel besser das Wesen und den Zweck des Unternehmens.

schärfen, die durch Schrift erzeugt werden.
Verlassen Sie sich auf Ihre Instinkte, die
Sie durch Beobachtung und Auswertung
entwickelt haben, wenn Sie Layouts
schaffen, die an die praktischen Interessen eines

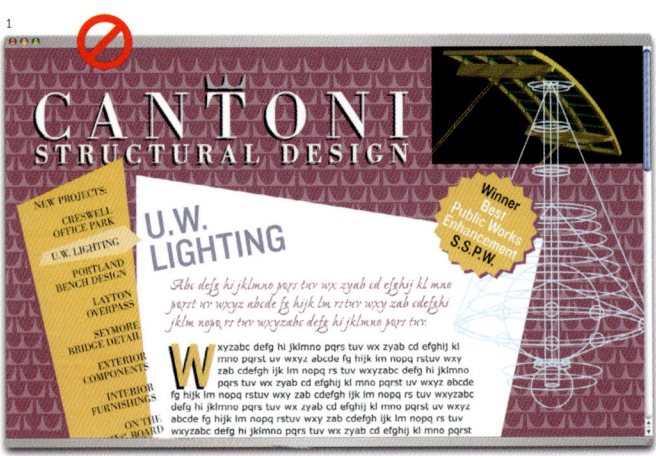

1,2 | Verdana, Bodoni Antiqua (Logo, alle Beispiele)

2

Publikums gerichtet sind.

3

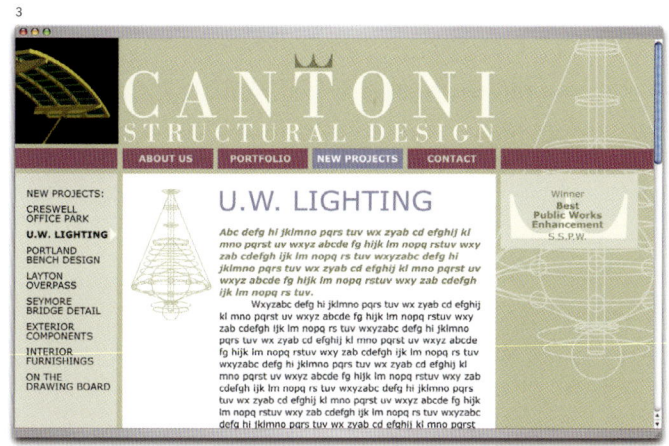

Schriften in diesem Kapitel:

Aus jeder Schriftfamilie wird ein Vertreter gezeigt.

SERIFENSCHRIFTEN

Berkeley Old Style

Bodoni Antiqua

Bodoni Poster

Caslon

Caslon Openface

Century Schoolbook

Clarendon

Didot

ENGRAVERS MT

Hoefler

Optima

Requiem

Rockwell

Sabon

Stempel Garamond

GROTESK-SCHRIFTEN

Avenir

Formata

Franklin Gothic

Frutiger

Futura

Gill Sans

Giotto

Helvetica

House Gothic

Knockout

News Gothic

Univers

Verdana

126

NICHTPROPORTIONALSCHRIFTEN

Andale Mono

Lucida Sans Typewriter

SCHREIBSCHRIFTEN UND KALLIGRAFISCHE SCHRIFTEN

Edwardian Script

Ex Ponto

DISPLAY-SCHRIFTEN

BUZZER THREE

Hollyweird

ORNAMENT-FONTS

WebOMints

Das Publikum ansprechen

Der wirkliche Unterschied zwischen Künstlern und Gebrauchsgrafikern (sowie Designern) liegt nicht so sehr in der Kunst, die sie schaffen, sondern in der Motivation, die sie treibt. Künstler verbreiten durch ihre Bilder ihre persönlichen Überzeugungen oder Ansichten, Gebrauchsgrafiker bedienen dagegen die Wünsche des Zielpublikums ihrer Kunden.

Was ein Text auch aussagt, er kann es nicht *richtig* sagen, wenn die *falsche* Schrift verwendet wird. Für einen Designer ist immer das *richtig*, was die Botschaft des Kunden wirksam mit den Leuten verbindet, die am wahrscheinlichsten positiv auf diese Botschaft reagieren. Um also die richtigen Schriften, Farben, Bilder, Konzepte und Präsentationsstile einzusetzen, muss ein Designer ein Projekt immer mit Blick auf die Vorlieben der gesuchten Gruppe beginnen. Mit der unten dargelegten Taktik können Sie Identität und Geschmack der idealen Zielperson bestimmen.

Befragen Sie zuerst Ihre Kunden über den perfekten Adressaten für die Werbung, Broschüre, Website usw., die Sie gestalten sollen. Wie sind die Mitglieder dieser Gruppe? Was *mögen* sie? In welcher Altersgruppe rangieren sie? Ist die Gruppe überwiegend männlich oder weiblich? Konservativ oder progressiv? Mondän oder einfach? Machen Sie Notizen (Kunden lieben das)! Scheinen Ihre Kunden keine klaren Antworten auf diese Fragen zu haben, dann entwickeln Sie gemeinsam Ergebnisse, mit denen alle leben können. Seien Sie sich mit Ihrem Kunden über die Identität und die Eigenarten des Zielpublikums des Projekts einig, bevor die kreative Arbeit beginnt. Konsens sichert eine sachliche Arbeitsbeziehung, da alle Beteiligten die Kriterien für die Bewertung Ihrer künftigen Entwürfe kennen.

Sobald Sie eine Vorstellung haben, an wen sich Ihr Design

richtet, müssen Sie ein Gefühl für den passenden Geschmack in Bezug auf Schriften, Farben und Designstile entwickeln. Schauen Sie sich Magazine, Anzeigen, Bücher, Filme und die Aufmachung der Musik an, die diese Gruppe von Leuten bevorzugt. Auf diese Weise lernen Sie viel über andere demografische Gruppen (vielleicht mehr, als Ihnen lieb ist) – etwa, auf welche Arten von Schriften und Designstilen sie ansprechen. Werten Sie ein großes Spektrum an Designmaterial aus. Was scheint zu funktionieren? Was nicht? Was sieht frisch und was fad aus? Nutzen Sie diese Bestandsaufnahme sowohl zur Inspiration als auch um eine Vorstellung zu bekommen, was Sie tun müssen, um Ihre Arbeit von der Konkurrenz

abzuheben. Kombinieren Sie diese Strategien zum Ansprechen der Zielgruppe mit Ihrer wachsenden Erfahrung bei der Schriftauswahl (SIEHE SCHRIFTAUSWAHL, SEITE 52), um typografische Lösungen zu finden, die dem Geschmack des idealen Adressaten Ihres Kunden entsprechen. Erfolgreiche Designer sind stets in der Lage, Schriften und Designansätze zu wählen, die den Vorlieben ihres Publikums Vorrang geben, ohne ihre eigene künstlerische Integrität zu verletzen.

Effective designers are those who are consistently able to choose fonts and design approaches that keep the preferences of their audience paramount without sacrificing their own artistic integrity.

Pflegen Sie Ihre Instinkte für die Schriftauswahl und künstlerische Strömungen, indem Sie offen für alles sind, was im Design (und im Leben selbst) der Kulturen und Subkulturen der Welt geschieht.

KAPITEL 4

Rebellion

Hier erfahren Sie, wie Sie die Themen **Rebellion, Individualität, Spontaneität, Zwietracht** und **Chaos** durch Schrift und ihre unterstützenden kompositorischen Elemente ausdrücken können.

Extreme Rebellion wird meist nicht direkt in Form von Zeichen oder Schriften ausgedrückt, da Chaos eigentlich dem ersten Gebot der Typografie widerspricht: Lesbarkeit.

Wenn Designer Layouts schaffen, die ein Gefühl von Wildheit erzeugen sollen, wahren sie häufig die Lesbarkeit der Typografie und greifen stattdessen auf andere grafische Elemente zurück, um den thematischen Teil der Botschaft zu vermitteln. Provozierende Hintergründe, ausdrucksstarke Farben und kompositorische Akrobatik übertragen ihr Wesen auf die Schriften, deren eigene Andeutungen von Unordnung zugunsten der Lesbarkeit im Zaum gehalten werden.

Stephen Hawking, der renommierte Physiker,

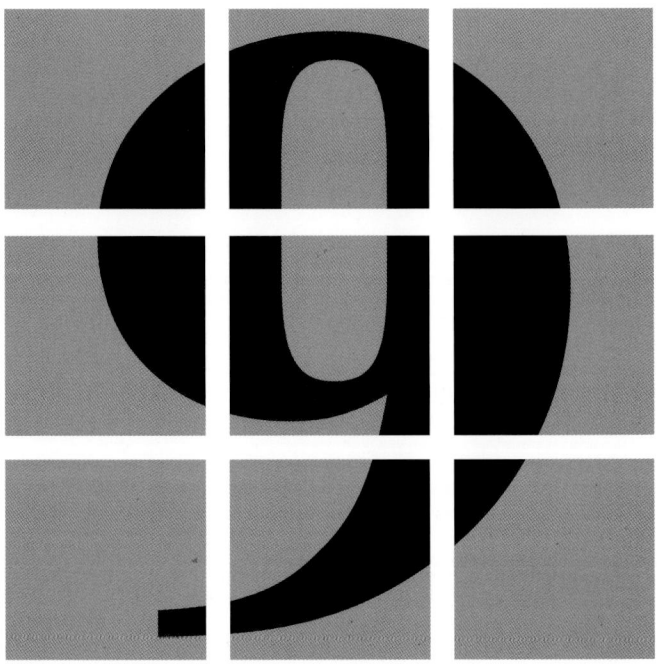

Dieses Kapitel konzentriert sich daher auf die Umgebung, in der die Schrift präsentiert wird, sowie auf Anpassungen, mit denen man die reinliche Erscheinung der Buchstaben ankratzen könnte.

Suchen Sie Wege, um Layouts individueller, spontaner, unordentlicher oder chaotischer aussehen zu lassen? Testen Sie Ansätze, bei denen die gewählte Schrift die Stimmung des Layouts aufbaut, Ideen, die mehr auf nichttypografische Elemente setzen, und Lösungen, in denen sowohl Text- als auch Nichttextelemente das Wesen des Designs verkörpern.

schreibt: »Tatsache ist, dass Unordnung

1-6 | *Hin, her, schnipp, schnapp? Verspritzen Sie digitale Farbe!* Beginnen Sie Ihre Untersuchung der Unordnung, indem Sie die Regeln der Typografie biegen und brechen – formen Sie diese Regeln um, bis sie in den ungewöhnlichen konzeptuellen Rahmen Ihres Designs passen.

Die hier gezeigten Ideen enthalten die Saat für abwegige typografische Lösungen. Um Rebellion auszudrücken, fangen Sie klein an, übertreiben es dann und kappen Ihre Ideen wieder, bis sie Ihren visuellen und konzeptuellen Zielen entsprechen.

7 | Auf die Gefahr hin, die Götter der Typografie (sowie die Schriftdesigner) zu verärgern, testen Sie die Wirkung von digitalen

dazu neigt, zuzunehmen, wenn man die

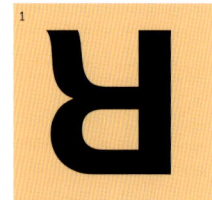

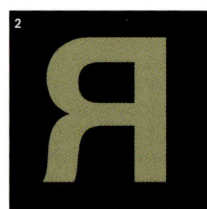

Filtern und Effekten. Zerren, drehen, zerstören und verformen Sie Buchstaben auf dem Weg zu Individualität und Unregelmäßigkeit.

8 | *Warum verwenden Sie nicht einmal Helfer aus der wirklichen Welt, um* *Buchstaben zu verschandeln?* Hier wurde ein Kaffeefleck fotografiert und digital mit einer Buchstabenform kombiniert, um das Ganze benutzt aussehen zu lassen. Welche anderen Arten von Beschädigung könnten Sie Ihren typografischen Formen zufügen, um die Regeln zu brechen? Solche Effekte könnten auf einzelne Buchstaben, ganze Wörter und Absätze oder auf vollständige Textseiten angewandt werden.

Dinge sich selbst überlässt«.* Das erklärt

7 | Bodoni Antiqua   8 | Gill Sans   *Aus *Eine kurze Geschichte der Zeit* von Stephen Hawking   **135**

Ob Elefant oder Maus im Porzellanladen – auf irgendeiner Stufe tritt Unordnung auf. Diese Behauptung gilt nicht nur für das feine Tafelgeschirr; edle typografische Designs können ebenfalls umgewandelt, befleckt oder auf Fragmente reduziert werden, indem man einfach Schriften wechselt, digitale Effekte anwendet oder die Struktur der Komposition destabilisiert.

1-9 | Hier wurden die stattlichen Monogramme der Seiten 62–63 als typografische Versuchskaninchen eingesetzt, um den geringen Abstand zwischen (scheinbar) entgegengesetzten Themen wie Eleganz und Rebellion hervorzuheben. Blättern Sie hin und her und betrachten

vielleicht, weshalb viele von uns sich mit

1 | Castellar, Kuenstler Script   2 | Dearest, Impact   3 | Futura   4 | Giotto   5 | Bodoni Antiqua, Stencil

Sie die Methoden, mit denen die ursprünglichen Monogramme behandelt (misshandelt?) wurden, um die hier gezeigten Designs zu schaffen. *Kommen Ihnen angesichts dieser Wandlungen Ideen, wie Sie die Anklänge von Rebellion* in Ihren eigenen Designs verstärken könnten? *Suchen Sie nach neuen Wegen zum Wachrütteln Ihrer typografischen Kompositionen?* Starten Sie Ihren Denkprozess mit der Wortliste auf den Seiten 164–167.

Und denken Sie daran: Die in diesem Kapitel gezeigten Konzepte lassen sich auf alle möglichen Projekte anwenden – nicht nur auf solche, die auf den jeweiligen Doppelseiten gezeigt werden.

dem visuellen Ausdruck von Unordnung

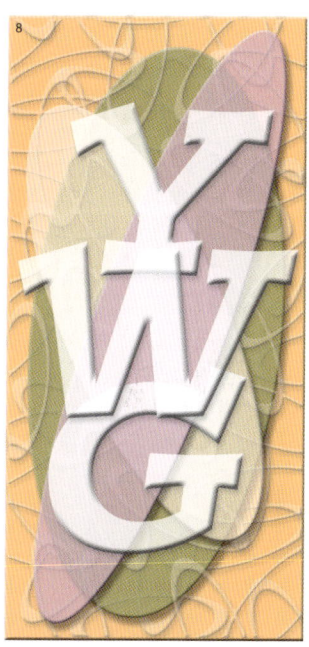

und Rebellion identifizieren – das sind

Typografie muss keine
Hauptrolle spielen, wenn es
um bedrohliche oder unan-
genehme Themen geht.

schließlich Themen, die allzu vertraut sind.

8.

Gemalte oder fotografierte Porträts, die die Eigenarten oder Makel einer Person nicht verbergen, können die wahre Natur ihres Gegenstands viel stärker enthüllen als idyllische Darstellungen. Schauen Sie sich die »typogra-fischen Porträts« auf dieser und der folgenden Doppelseite an. Beachten Sie, wie diese Wortgrafiken absichtlich mangelhaft gestaltet wurden, um enthüllende Aussagen über ihr Thema zu untermauern.

1 | *Könnte ein digitaler Effekt auf die Wörter angewandt werden, um eine tiefere Bedeutung zu übermitteln?* Erwägen Sie es, ein oder alle Zeichen Ihrer Wortgruppe weichzuzeichnen, zu verbiegen oder zu beschädigen.

Unordnung kann sogar eine viel effektivere

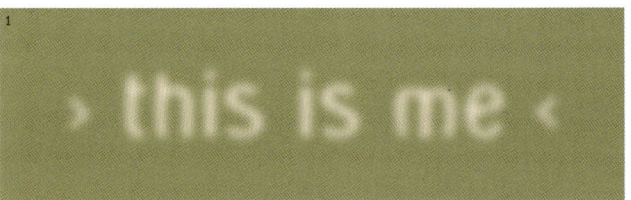

2 | *Könnten Sie Zeichen an den Verbindungsstellen zerschneiden, um Tumult darzustellen?*

3 | *Ein Porträt des Lebens als Barcode?* Treiben Sie die Lesbarkeit an ihre Grenzen.

4 | Wörter sind immer noch erstaunlich gut lesbar, wenn man sie rückwärts schreibt. Hier wird durch ein einziges Wort, das den Status quo in Frage stellt, eine gewisse Rebellion ausgedrückt.

5 | Graffiti-artige Zusätze verkörpern ein Gefühl von Anti-Establishment.

6 | Der Text bleibt trotz der Konkurrenz durch die Grafik lesbar, die sowohl Chaos als auch Kreativität bedeutet.

Verbindung schaffen als die Verkörperung

Könnten Sie ein Bild in Ihre Wortgrafik einbinden?

1 | Das bearbeitete Foto einer zerbrochenen Fensterscheibe als Hintergrund stellt die Lesbarkeit jeder Schrift auf die Probe.

Die einzige praktische Lösung für die Integration eines derart chaotischen Bildes ist eine fette Grotesk.

2 | Der alte Rorschachtest: Seine Botschaft hängt ganz vom Betrachter ab.

Suchen Sie beim Schaffen einer Wortgrafik nach verblüffenden Methoden, um Bilder und Text miteinander zu kombinieren.

3 | Leser könnten ein Gefühl von Belohnung und Verantwortung spüren,

von   Stabilität   oder   Kultiviertheit.   Für

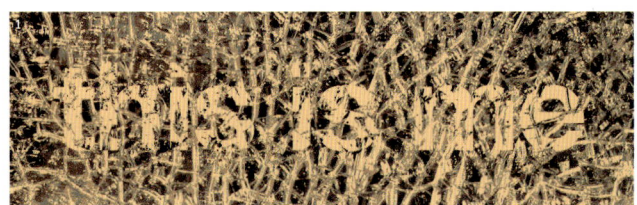

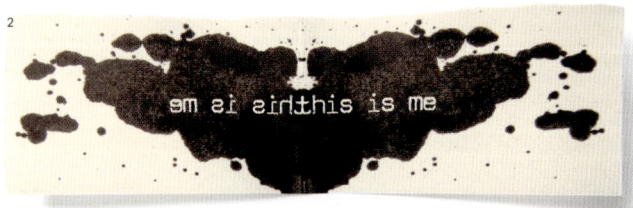

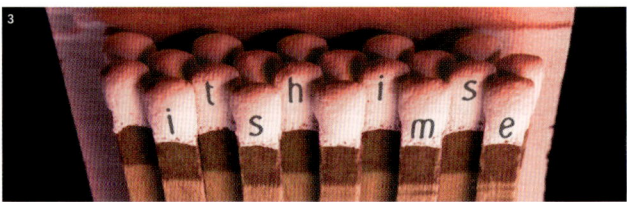

wenn sie (wenn auch nur kurz) über ein Bild nachdenken mussten, um dessen potenzielle Bedeutungen aufzudecken.

4 | Mit unorthodoxen Mitteln unterstützen Sie das Thema Ihres Designs durch Bilder.

5 | *Gibt es eine auffallende Methode, um Zeichen oder Wörter in einem Foto digital zu verändern, damit sie Ihre Botschaft vermitteln?*

6 | Hier liegt eine anmutige Schrift verspielt über einer Haarsträhne. Die Schrift –

und ihre improvisierte Platzierung – scheint uns zu verraten, was hinter der Stirn des Modells vor sich geht. Probieren Sie alle möglichen Schriften in Kombination mit Bildern. Das Unwahrscheinliche ist oft überraschend.

viele ist Unordnung außerdem nicht nega-

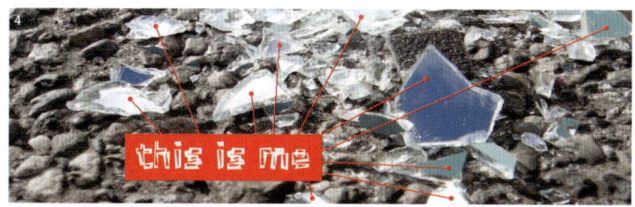

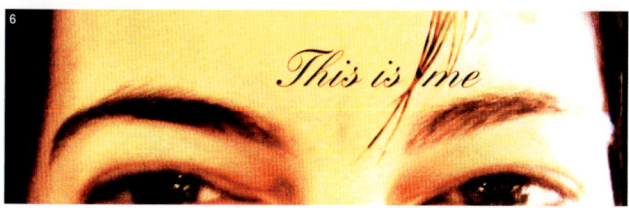

Streben Sie nach einer visuellen Atmosphäre, die außerhalb der Normalität liegt, dann wählen Sie Designlösungen, die ebenfalls der Tradition trotzen.

1 | Hier wird Individualität durch einander überschneidende Zeichen, unterschiedliche Schriftgrößen, gemischte Farben und eine digital aufgeraute Outline-Schrift erreicht. Stabilisiert wird alles durch den Einsatz einer einzigen Schrift in dem Entwurf. *Wie rebellisch soll das Logo sein? Wie kann man seinen Anschein von Unbotmäßigkeit verstärken oder einschränken?*

2,3 | Folgende Techniken helfen Ihnen bei der Suche nach nichttraditionellen Designlösungen:

tiv, sondern ein Zeichen von Spontaneität,

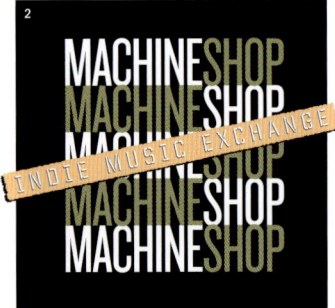

1 | Industria   2 | Knockout, United Stencil   3 | Magda   4 | Thomas, Knockout

Wiederholung, moderne Farben, einander verdeckende Wörter, wirre Fonts, dezentrale Anordnungen und Hintergründe, die die Leserlichkeit stören.

4 | Solange etwas nicht völlig unleserlich wird, ist es zulässig, die Lesbarkeit herabzusetzen, wenn die thematischen Ziele eine außergewöhnliche Darstellung erfordern.

5,6 | *Wie wäre es mit einem Mix aus Fonts, um Gegensätze darzustellen?*

7 | Die Zeichenformen in diesem Design werden durch Hintergrundfelder definiert, die selbst schon Botschaften vermitteln. Testen Sie eigenwillige Methoden zum Rahmen von Schrift, wenn Sie ungewöhnliche Themen bearbeiten.

Individualismus, Kreativität und wirk-

Ein Logo kann rein typografisch sein oder ein visuelles Element (ein Icon, eine Dekoration, ein Foto oder eine Illustration) enthalten. Hier sehen Sie Entwürfe, bei denen die Typografie direkt in ein grafisches Element integriert wurde.

Untersuchen Sie beim Entwerfen von Logos sowohl Möglichkeiten mit als auch ohne Bilder.

1 *Wie wäre es, wenn Sie in Ihr Logo ein historisches Bild einbauen? Solche Designs könnten zusätzlich*

zum »offiziellen« Logo für den Einsatz bei Werbematerialien wie Postern, Aufklebern oder T-Shirts erstellt werden.

2 Verwenden Sie Software, um Schrift mit anderen grafischen Elementen zu kombinieren. Behalten Sie

lichem Leben. Egal, in welches Objekt Sie ei

1 | Thomas, Fette Fraktur   2 | Iron Maiden   3 | Thomas

immer Thema und Konzept im Auge, wenn Sie über passende Effekte und Bilder nachdenken.

3 | Das Foto der Abdeckung eines Kellerschachtes bildet hier den Hintergrund für eine industriell geprägte

Schrift. Stocken Sie mit Ihrer Digitalkamera Ihren Vorrat an potenziellen Hintergrundbildern auf.

4 | Das Foto eines Schachtdeckels und eine leere CD wurden digital zum Hintergrund dieses Designs

kombiniert. Die eckige Form der Schrift verbindet sich gut mit den geometrischen Formen des Hintergrundes. Suchen Sie nach solchen ästhetischen Verbindungen, wenn Sie unterschiedliche Elemente eines Designs zusammenbringen wollen.

Gefühl von Unruhe einbringen wollen, es ist

4

1 | Bilder und Schriften, die wie handgemacht wirken, können einem Design, das ansonsten steif wirken würde, eine lässige Note verleihen. Der gekritzelte Rauch aus den Schornsteinen einer Fabrik wird von einer Schrift begleitet, die wie von Hand geschrieben aussieht.

2 | Hier wurde eine sachliche Schrift mit einem anarchisch anmutenden Icon kombiniert. Prüfen Sie Paare aus Schrift und Icons, die einander ergänzen, aber auch kontrastieren. Bewerten Sie sie mit Blick auf ihre ästhetische Wirkung und die Relevanz für Ihr thematisches Ziel.

3-5 | Probieren Sie für ein Logo eine Vielzahl

nur passend, gegen die traditionellen Regeln vor

von Kombinationen für Ihre bildlichen und typografischen Elemente. Untersuchen Sie verschiedene Positionen, Farben und Überlagerungsvarianten für das Bild oder das Icon. Testen Sie Schrift-, Farb- und Strukturoptionen für die Typografie. *Soll die Schrift für das Logo aus einer Schriftfamilie stammen? Zwei? Mehreren? Wie soll der Text ausgerichtet und skaliert werden? Welche typografischen Arrangements* harmonieren am besten mit den Proportionen des Icons?

Je ausgefallener Ihr Logo wirken soll, umso weiter können Sie sich mit Ihren Lösungen von der Norm entfernen.

Typografie und Design zu rebellieren – und der

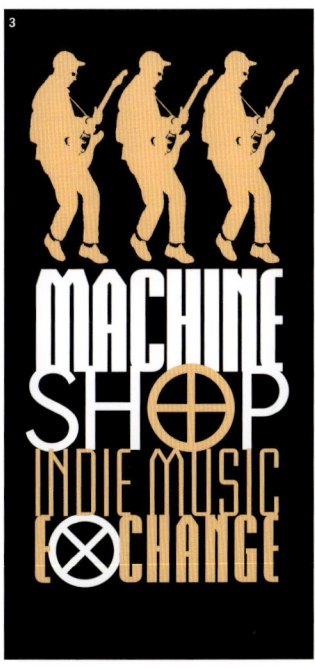

3 | Briem Akademi, Patriot   4 | Giant   5 | Python

Auf den nächsten Seiten kommen wir mit Sticker-Designs in den Bereich der konzeptuell und kompositorisch ausgefallenen Ansätzen für Überschriften.

1,2 | Eine schwarzweiße Aussage, gesetzt in einer fetten, nüchternen Schrift lässt wenig Zweifel an der Überzeugung hinter dieser rebellischen Haltung aufkommen. Eine blutrote Darstellung in Großbuchstaben, gesetzt von Rand zu Rand, wirkt auch sehr überzeugend.

3 | Die weißen Kästchen, die Teil dieser Schrift sind, bilden bei einer solchen Anordnung vertikale Bänder. Der auffallende Effekt ist vergleichbar mit einem Warnsignal oder einer zusammengeklebten Lösegeldforderung – beide

Grad der Abweichung von der Tradition beein-

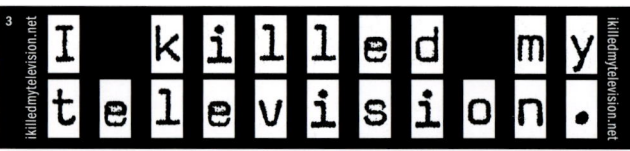

1 | Haettenschweiler, Avenir   2 | Knockout   3 | Magda   4 | Kamaro, Avenir   5 | French Script, Avenir

stehen unterschwellig für ein Gefühl von sozialer Subversion.

4 | Was ist mit einer Schrift, die kraft ihrer Extreme Aufmerksamkeit erregt? Durch die auseinandergezogenen Buchstaben wirkt dieses Design progressiv und individuell.

5–7 | Verwenden Sie einmal Schriften, Hintergründe, Bilder und Farben, die bei Ihrer Botschaft ungewöhnlich wirken. Schriften und ihre Darstellung können

trockenen Humor und Ironie verkörpern.

8 | Praktisch: Durchsuchen Sie Ihre bildorientierten Schriftfamilien nach fertigen Grafiken, die Ihre konzeptuellen und visuellen Effekte verstärken.

flusst die Stärke Ihres anarchischen Ausdrucks.

1 | Gewolltes Chaos. Ein jüngeres und progressiveres Publikum zeigt meist mehr Toleranz für schwerer lesbare Schrift als ältere und konservativere Betrachter. Magazine, Websites und Anzeigen, die besondere Bevölkerungsgruppen ansprechen sollen, sind nützliche Ressourcen für Designer, die versuchen, ein Gefühl für die typografischen Geschmäcke und Toleranzen einer bestimmten Gruppe zu bekommen.

2 | *Ein Comic? Erscheinen Sie bei einem Kundentermin mit etwas völlig Unerwartetem! Wer, wenn nicht Künstler und Designer, könnten den Status quo der visuellen Kommunikation zerschlagen?*

Schriften verkörpern meist Eleganz,

1 | Myriad Tilt, Helvetica   2 | Helvetica Rounded

3 | *Gibt es ein Bild aus der Popkultur, das so angepasst werden könnte, dass es die ungewöhnliche Note Ihres Designs wiedergibt? Ersetzen Sie einen Teil des Bildes durch einen Text!*

4 | Hier sorgt eine Kursivschrift für Action und Bewegung, indem sie ein statisches Verbotssymbol umrundet. Unterschätzen Sie niemals die thematischen und ästhetischen Ergebnisse, die mit fertig verfügbaren Schriften,

Dingbats und Symbolen erzielt werden können (sogar der abgefahrene Fernseher stammt aus einer Bild-»Schriftfamilie«).

Minimalismus, Ordnung und Einfachheit,

3

4

Wenn ein radikales Thema
für seine Botschaft mehr als
nur die Überschrift braucht,
untersuchen Sie Ideen, die
Schriften, Hintergründe, Bilder
und Farbschemata so vereinen,
dass die Botschaft übermittelt
wird. Die Möglichkeiten sind
endlos.

da diese Qualitäten an sich nicht der

Weißer Text: Python   Hintergrundtext: Kamaro, Knox

Leserlichkeit   entgegenstehen.   Rebellion

(chorus)
Television, the drug of the nation
Breeding ignorance and feeding radiation

T.V. is the place where the pursuit of
happiness has become the pursuit of trivia
where toothpaste and cars
have become sex objects
where imagination is sucked out of children
by a cathode ray nipple
T.V. is the only wet nurse
that would create a cripple
on...

(chorus)
Television, the drug of the nation
Breeding ignorance and feeding radiation

>> Artist: Michael Franti <<
>> Song: Television, the drug of the nation <<
>> Album: Hypocrisy is the greatest luxury, 1991 <<

Die nächsten Seiten zeigen eine Reihe von vorwiegend typografischen Posterentwürfen für eine Filmschule.

1 | Verwenden Sie eine Schrift, die sowohl informativen *als auch* thematischen Inhalt vermittelt. Hier wurde eine Schablonenschrift benutzt, um dem Ganzen einen Anschein von Urbanität zu verleihen. Die geneigten Buchstaben und unscharfen Kanten lassen den Entwurf authentisch wirken.

2 | Dieses Layout wirkt rebellisch durch die extremen Unterschiede zwischen den schmalen und den breiten Versionen der Schrift sowie durch die Komposition, die die Größenunterschiede geschickt ausnutzt.

dagegen verletzt die Lesbarkeit einer Schrift

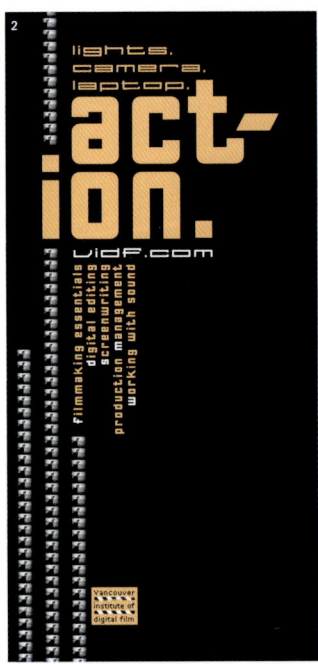

1 | United Stencil, Python (Logo, jedes Design)   2 | Kamaro

Experimentieren Sie mit radikal expressiven Designlösungen – Sie können die Dinge notfalls wieder mäßigen.

3 | Designs, die den Betrachter zu Interpretationen auffordern, sind zulässig, wenn das Ergebnis das Wesen der Botschaft/ des Unternehmens, die sie repräsentieren, richtig widerspiegelt.

4 | Es ist nicht schwierig, einer aufrecht stehenden Schrift das Gefühl von spielerischer Spontaneität zu verleihen. Dazu wurde hier eine einfache Schrift mit locker gestalteten Hintergrundformen umgeben.

– vor allem, wenn sie mit harter Hand (oder

1 | *Mit welchen Arten von Bildern könnte Ihre typografische Botschaft unterlegt werden, um Ebenen voll Bedeutung und visuellen Interesses hinzuzufügen? Wie viele Hintergrundstörungen kann Ihre Schrift verkraften, bevor die Übermittlung der Botschaft durch mangelnde Leserlichkeit leidet?* Hier wird der spielerische Zug absichtlich durch die Kombination einer einfachen Schrift mit einer Reihe von witzigen Illustrationen gefördert.

Beachten Sie außerdem, dass die Standardregeln der Großschreibung beiseite gelassen wurden, als die Schrift zu dem Layout hinzugefügt wurde. Warum auch nicht? Man kann auch mit den Regeln der Grammatik herumspielen!

Faust) angebracht wird. Denken Sie an Ihr

1 | Franklin Gothic, Big Cheese (alle Illustrationen)

2 | *Warum fügen Sie Ihrer Komposition nicht ein menschliches Element hinzu?* Der sprechende Kopf in diesem Layout steht für Sprache, Action und Teilnahme an diesem Design.

Die unordentliche Anordnung der oberen Elemente bringt Spontaneität in das Layout, während die strenge Formation der unteren Elemente einen praktischen Grundton verkörpert. Ordentliche kompositorische Strukturen in einem unruhigen Design verkörpern Beherrschung und Zuverlässigkeit. Erlauben Sie es Ihrer künstlerischen Seele festzustellen, wann Ihr auffallendes Design gezähmt und wann es aufgepeppt werden muss. Nehmen Sie entsprechende typografische und kompositorische Anpassungen vor.

Zielpublikum – wie viele Verletzungen der

Wenn Sie Text setzen, dessen Botschaft von Natur aus rebellisch ist, dann erwägen Sie Schriften und kompositorische Ansätze, die sich gleichermaßen außerhalb der Norm bewegen.

1 | Mit Bildern kann man einen Kontext aufbauen, um die visuelle Wirkung von Wörtern zu verstärken. Die meisten Fans von Patti Smith (und des Punk) kennen das weiße Hemd und die schwarzen Hosenträger, die sie auf dem Cover ihres Albums *Horses* trug. Hier dient das berühmte Kleidungsstück als Hintergrund für einen Interview-Ausschnitt von 1996.*

2 | Das Bild eines gepflasterten Bürgersteigs dient als

Lesbarkeit wird es tolerieren? Können Sie

And, you know, I really think that great art is seductive on various levels. You don't have to be able to understand it, I mean, if you're touched by it or you feel any kind of cerebral response, it's done its work. I couldn't tell you what Pollock meant in "Blue Poles"—it's not necessary. I don't really know what Bob Dylan was talking about in "Desolation Row," but it doesn't really matter. I'm not an analyzing type.

*Der Text auf den Seiten 160–164 ist aus **Woman As Warrior** von Michael Bracewell, *The Guardian*, 22. Juni 1996.

faszinierender Hintergrund und ruft Erinnerungen an die Glanzzeiten der Künstlerin hervor. Die Schrift wurde mit einem dunklen Schein hinterlegt, um ihre Lesbarkeit vor diesem Hintergrund zu sichern.

3 | *Wie wäre es, wenn Sie den Text entsprechend seiner Aussagen strukturieren?* Solche nicht-traditionellen Lösungen laden den Leser ein, sich einzubringen, während sie eine gewisse kreative Nonkonformität vermitteln.

4 | Verwenden Sie mehrere Schriften in einem Textblock, um eine einmalige visuelle Stimmung zu erzeugen. Experimentieren Sie mit Schriftkombinationen zwischen – und innerhalb von – Schriftfamilien.

eine verrückte Schrift in Ihrem Layout benut-

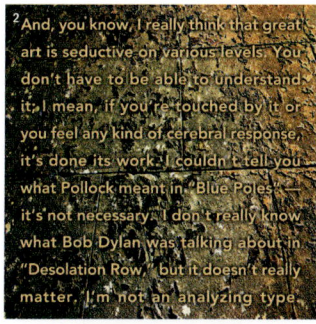

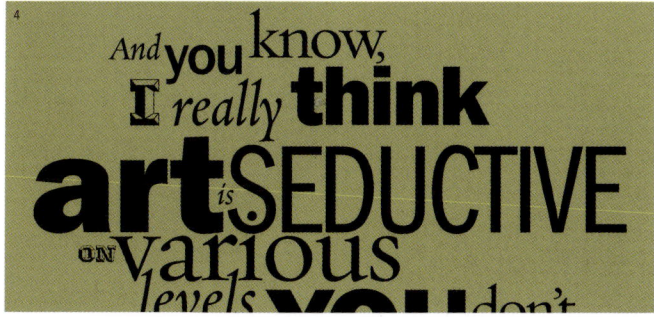

2 | Avenir   3 | Franklin Gothic   4 | Requiem, Franklin Gothic, Knox

1 | *Muss Ihr Text unbedingt dem geraden Weg folgen? Oder gibt es vielleicht einen Weg mit einer konzeptuellen Verbindung zur Stimmung oder Botschaft Ihres Textes?*

2 | Viele der Beispiele in diesem Abschnitt zeigen relativ normale Schriften in chaotischen Umgebungen. *Warum drehen wir den Spieß nicht um und präsentieren eine verrückte Schrift in einer einfachen Komposition?*

3,4 | *Was wäre, wenn Sie auf den gesamten Textblock einen digitalen Effekt anwendeten?* Software lädt zum Experimentieren und Spielen ein – es ist einfach, die guten Ideen zu behalten und die

zen oder sollte eine einfache Schrift von nicht

1 | Franklin Gothic 2 | Python 3,4 | Franklin Gothic

schlechten zu löschen.

Falls Sie sich für Effekte zum Ändern von Schrift interessieren, dann verfolgen Sie in Fachzeitschriften, Büchern und Websites die aktuellen technischen Entwicklungen auf diesem Gebiet.

5 | Erkunden Sie originelle Wege zum fertigen Produkt. Hier wurde der Text mit einem Laserdrucker auf ein Blatt Papier gedruckt, dieses wurde anschließend zerrissen, geknüllt und danach fotografiert. Solche Prozeduren, die mehrere Medien und Schritte umfassen, lassen in allen Phasen des kreativen Prozesses Raum für Experimente und Variationen.

ypografischen Elementen begleitet werden, um

5

And, you know, I really think that great art is seductive on various levels. You don't have to be able to understand it; I mean, if you're touched by it or you feel any kind of cerebral response, it's done its work. I couldn't tell you what Pollock meant in "Blue Poles" – it's not necessary. I don't really know what Bob Dylan was talking about in "Desolation Row," but it doesn't really matter. I'm not an analyzing type.

Es heißt, dass Regeln dazu da seien, um sie zu brechen. In der Typografie könnte dieses Axiom zu einer längeren Version erweitert werden, die besagt, dass »Regeln dazu da sind, um

sie zu brechen, solange das gewünschte Thema v gebracht wird, ohne dabei viel Aufmerksamkeit auf der Regelbruch zu lenken oder di Leserlichkeit zu sehr zu stören« Da es hier um Rebellion geht, ist es normal, dass sich der letzte Abschnitt deutlich von den abschließenden

das gewünschte Gefühl von Anarchie in Ihrem

Seiten aller anderen Kapitel unterscheidet. Anstatt Beispiele für Seitendesigns anzubieten, die ein bestimmtes Thema vermitteln, werden Angebote gezeigt, die auf alle möglichen Entwürfe angewandt werden können, die rebellisch wirken sollen. Verwenden Sie die hier gezeigten Dinge in Projekten, in denen es um dieses Genre geht. Die Ideen haben die Form einer Wortliste (die auf dieser Doppelseite beginnt und auf der nächsten endet) mit einer Sammlung von Substantiven, Verben und Adjektiven. Die Wörter sind auf die eine oder andere Weise mit einem Konzept oder einer Technik verbunden, die auf typografische oder bildliche Elemente angewandt werden könnte, um das Thema Rebellion zu verdeutlichen. Viele

Designer mögen solche the-
menbasierten Listen, wenn
sie in den kreativen Prozess
einsteigen und bestimmte
konzeptuelle und visuelle
Ziele verfolgen.

Design zu erreichen?

AUFTEILEN

SCHNEIDEN UND EINFÜGEN

BESCHÄDIGEN

BESCHNEIDEN

BESPRITZEN

BEWEGUNG

BIEGEN

BILD DAZU

COLLAGE

DEFORMIEREN

EBENE

EINSTURZ

ENTFÄRBEN

FALTEN

FARBEN MISCHEN

FRAGMENTIEREN

FÜLLEN

GEIST

GRAFFITI

GRAFISCHES ELEMENT

GRÖSSEN MISCHEN   SCHRIFTEN MISCHEN

KNITTERN   SEITWÄRTS

KOLLISION   SILHOUETTE

KONTRAST   SPIRALE

KOPFÜBER   STEMPEL

KORRODIEREN   STREUEN

LABEL   ÜBERLAUF

LINIEN   ÜBERSCHNEIDUNG

MENGE   UMKEHREN

NACHBELICHTEN   UMRISS

NEGATIV   VERBLASSEN

NEU ANORDNEN   VERDREHEN

NONSENS   VERKNÜPFUNG

PERSPEKTIVE   VERSATZ

RAHMEN   VERZERREN

ROST   WEICHZEICHNEN

RÜCKWÄRTS   ZICKZACK

SCHREIEN

Es gibt relativ wenige Möglichkeiten, um ein Auto zu bauen, das auf dem Markt jederzeit umfassende Akzeptanz findet; es gibt aber immer zahllose Möglichkeiten, diese Autos zu modifizieren, zu beschädigen oder zu zerstören – wie die Statistiken leicht beweisen. Was das mit Typografie und Design zu tun hat? Nur dies: Zerstörung, Unordnung und Rebellion sind Themen, die relativ einfach erzeugt werden können – bei weitem einfacher als Themen wie Ordnung und Kultiviertheit, denen deutlich engere Akzeptanzgrenzen gesetzt sind. Das sind gute Nachrichten für Typografen und De-signer, die an Projekten arbeiten, die einen gewissen Grad an thematischer Degeneration erfordern: Die Möglichkeiten sind schier endlos.

Schriften in diesem Kapitel:

Aus jeder Schriftfamilie wird ein Vertreter gezeigt.

SERIFENSCHRIFTEN

Bodoni Antiqua

CASTELLAR

Clarendon

PERPETUA

Postino

Requiem

Wide Latin

GROTESK-SCHRIFTEN

Avenir

Briem Akademi

Franklin Gothic

Futura

Gill Sans

Giotto

Haettenschweiler

Helvetica

Helvetica Rounded

House Gothic

Impact

Industria

Klavika

Knockout

Univers

SCHREIBSCHRIFTEN UND KALLIGRAPHISCHE SCHRIFTEN

Dearest

Edwardian Script

Fette Fraktur

French Script

Kuenstler Script

Zapfino

DISPLAY-SCHRIFTEN

HORATIO

IRON MAIDEN

Kamaro

KNOX

Magda

Motion

Myriad Tilt

Oculus

PA+RI⊕+

Python

STENCIL

thomas

UNITED STENCIL

ORNAMENT-FONTS
Big Cheese
Webdings
Wingdings

IM FOKUS:

Visuelle Hierarchie

Neben den ästhetischen Zielen liegt der *Zweck* einer Komposition darin, den Blick des Betrachters durch die verschiedenen Elemente eines Layouts zu leiten. Meist beginnt diese visuelle Entwicklung mit der Übermittlung der primären Botschaft des Werks und geht dann zu Elementen über, die weitere Unterstützung und Informationen liefern.

Hinweis des Autors: Beim Schreiben über Designgrundlagen kann ich das Thema visuelle Hierarchie auf keinen Fall auslassen. Deshalb entschuldige ich mich erstens dafür, dass ich dieses Thema schon zum dritten Mal in drei Büchern behandle, und verspreche zweitens Lesern, die von mir schon etwas darüber gehört haben, dass ich mich bemüht habe, es nun aus dem Blickwinkel der Typografie zu betrachten.

Hierarchie = Rang; Reihenfolge der Wichtigkeit. **Visuelle Hierarchie** bezieht sich auf die verschiedenen Stufen des offensichtlichen Status,

den jedes Element eines Designs aufweist. Bei einem Layout, das Aufmerksamkeit erregen soll, ist es meist am besten, wenn man ein Element an die Spitze der visuellen Hierarchie setzt. Dieses Element dient als Einstiegspunkt in das Layout – ein Köder, der Aufmerksamkeit sucht, Interesse weckt und den Betrachter zu weiteren Erkundungen einlädt. Genauso sollten* unterstützende Elemente eines Designs auf eine Weise präsentiert werden, die ihre jeweilige – thematische wie wörtliche – Bedeutung anzeigt. Diese Rangfolge zwischen den Elementen des Layouts wird durch das Einstellen der ästhe-

Nutzen Sie Ihre Kenntnisse über Design und Komposition, um den passenden Grad an

tischen Variablen in Bezug auf Größe, visuelles Gewicht, Farbe und Neigung deutlich. Nutzen Sie Ihre Kenntnisse über Design und Komposition, um den passenden Grad an Aufmerksamkeit auf jedes Element des Layouts zu richten (und klare Unterschiede zwischen den jeweiligen visuellen Rängen zu schaffen).

Um den visuellen Status eines typografischen Elements aufzuwerten, verwenden Sie eine der folgenden Methoden: größere Schriftgröße, fettere Schrift, Freiraum um den Text, Einsatz anderer grafischer Komponenten zum Verdeutlichen oder Einrahmen des wichtigsten typografischen Elements, Darstellung

Schrift, die mehr Aufmerksamkeit verlangt.

Der visuelle Einfluss eines Elements kann wiederum durch eine Umkehrung der genannten Techniken verringert werden.

Die typografischen Elemente sind nicht die einzigen Faktoren in dieser Gleichung. Auch der Einfluss von Fotos, Illustrationen, grafischen Elementen, Hintergründen, Rahmen und Farben ist zu bedenken, wenn Sie ein Layout konstruieren und vollenden.

Lernen Sie von den Meistern: Achten Sie beim Betrachten eines Meisterwerks der Renaissance darauf, wie seine Komposition Ihr Auge in und durch die Umgebungen des Gemäldes führt. Sie lernen den einen oder anderen Trick für Ihre Designtätigkeit.

fmerksamkeit auf jedes Element des Layouts zu richten

der Schrift in einem stärkeren Farbton, kontrastierender Hintergrund, Wechsel zu einer

*Es gibt eindeutige Fälle, in denen das Fehlen einer visuellen Hierarchie tatsächlich die Ziele eines Designs unterstützt, d.h. Designs, die die Betrachter frustrieren sollen, erscheinen absichtlich fad oder vermitteln ein starkes Gefühl von Chaos.

Technologie

Wie lassen sich Themen aus **Technologie, Futurismus, Wissenschaft** und **Cyber-Realität** durch Schrift und die sie unterstützenden kompositorischen Elemente ausdrücken?!

1 | In allen Kunstformen (auch in der Typografie) wird Futurismus oft durch Überdenken und Abwerten der traditionellen Regeln und Konzepte ausgedrückt. Vergleichen Sie das bewährte **g** auf der linken Seite (Helvetica) mit dem modernen Zeichen rechts daneben (Reykjavik). Die neuere Form hat einen Teil ihrer Anmut zugunsten einer gewissen essenziellen Einfachheit aufgegeben, die eine logische Modernität verkörpert. Solche vorwärts weisenden Schriften eignen sich gut für Designs, die progressiv wirken sollen.

2–8 | Um Wissenschaft und Technik noch überspitzter auszudrücken, wurden manche Schriften stark geometrisch gestaltet;

Manchmal rennt die Technikentwicklung

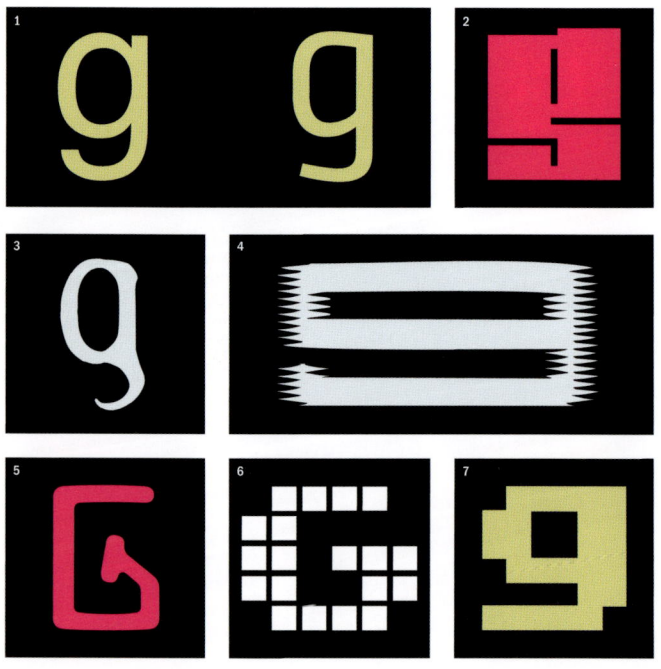

Buchstaben, die durch Lichteffekte zerstört zu sein scheinen, Zeichen, die die Art und Weise imitieren, wie Buchstaben durch elektronische Medien dargestellt werden. Innerhalb dieses Genres gibt es ein breites Spektrum an Ausdrucksmöglichkeiten – von seriös bis albern, von realistisch bis verrückt.

und manchmal schleicht sie. Selten jedoch

8

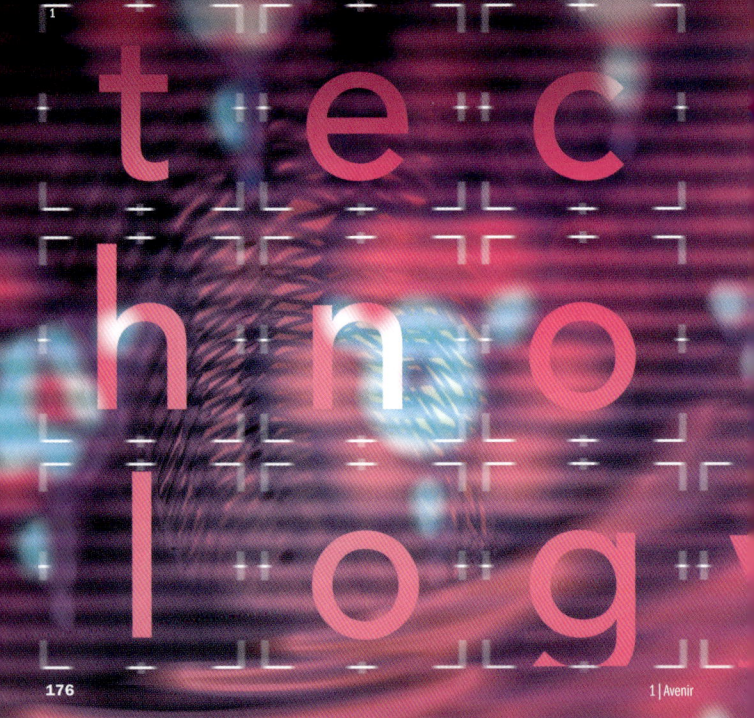

1 | Stimmungen und Themen können durch visuelle Assoziationen auf typografische Elemente projiziert werden. Hier verleiht ein vage futuristischer Hintergrund einer Gebrauchsschrift einen Hauch von Cyberwelt.

Serifenlose Schriften ohne Schnörkel eignen sich besonders, um die thematischen Projektionen ihrer Umwelt aufzunehmen.

2 | Ältere Buchstabenformen können als Grundlage für progressiv wirkende

Designs dienen. Die schmale Serifenschrift in diesem Logo stammt aus einer Schriftfamilie aus der Zeit der Dampfmaschine. Der erste Buchstabe des Firmennamens wurde wiederholt und gedreht,

kommt ihr Vorwärtsdrang zum Erliegen

um ein futuristisches Logo zu formen, das die tatsächliche Bedeutung des Logotextes widerspiegelt.

3–5 | Hier wurde eine Buchstabenform, die bereits Anklänge an Technik bietet, in einem Icon verwendet, das die Wirkung von Modernität verstärkt [**3**].

Wenn Ihnen der Entwurf des Icons gefällt, experimentieren Sie am Computer mit Variationen wie diesen dreidimensionalen Darstellungen [**4, 5**]. Testen Sie dabei auch verschiedene Anordnungen für die typografischen Elemente, die das Icon begleiten: probieren Sie Icon/Schrift-Kompositionen, die vertikal, horizontal, kreisförmig und quadratisch sind.

Entsprechend befinden sich Schriften, die

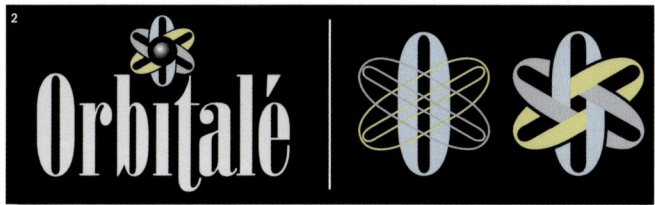

Eignet sich Ihr typogra-
fisches Icon als Basis für
ein spannendes Muster?
Solche Muster dienen als
auffallende und themen-
bestimmende Elemente in
allen möglichen Projekten.
(AUF DEN SEITEN 70–71 FINDEN
SIE WEITERE SOLCHE MUSTER.)

das Gefühl von Wissenschaft und Technik

vermitteln, in einem Zustand der stetigen

1-4 | *Warum schaffen Sie sich nicht Ihre eigenen Buchstabenformen – als grafische Elemente in einem Logo oder Layout? Durch die einfachen geometrischen Linien und Formen eignen sich diese vier Buchstaben* hervorragend für die Themen Wissenschaft und Technik. *Durch welche Designparameter könnten Sie Zeichenformen mit dem von Ihnen bearbeiteten Thema verbinden?*

Weiterentwicklung. Laufend werden vor

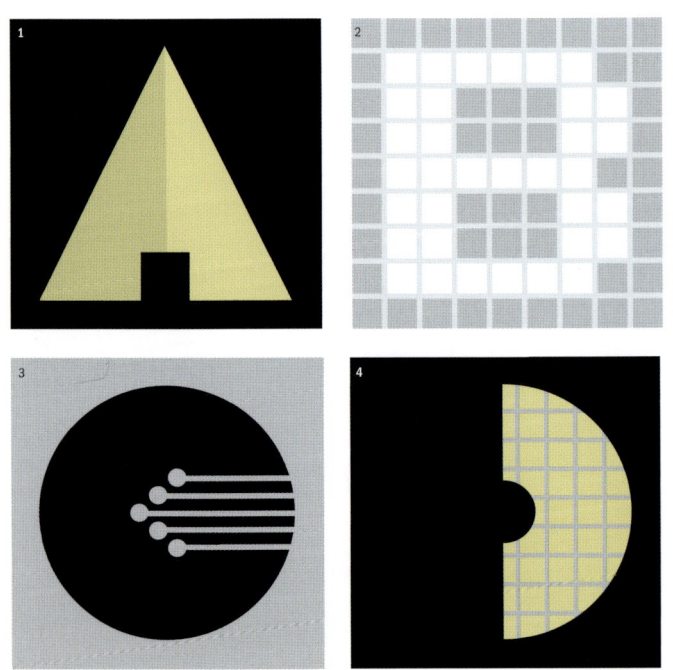

1-4 | selbst gezeichnete Buchstaben

5–7 | *Wie wäre es, wenn Sie Buchstaben oder Zahlen* **erfassen,** *anstatt sie zu* **erzeugen**? Nehmen Sie mit Ihrer Kamera verblüffende Bilder von elektronisch erzeugten und beleuchteten typografischen Zeichen auf. Solche Bilder könnten freigestellt, gefärbt und digital verbessert werden, um sie in Designprojekten einzusetzen, die Modernität ausstrahlen sollen.

innovativen Designern neue typografische

1–4 | Wissenschaft und Technik sprechen eine eigene visuelle Sprache. Bestimmte Arten von Zahlenanordnungen, wissenschaftlichen Symbolen und beschreibenden Diagrammen wirken ganz klar technisch. Beachten Sie, wie logisch das Monogramm im ersten Entwurf durch die hochgestellte **3** wirkt. Das angedeutete Atomschema des nächsten Monogramms **[2]** lässt an Physik denken. Das rote Pluszeichen in diesem Monogramm **[3]** ist sogar doppelt effektiv, weil es sowohl an Mathematik als auch an Medizin erinnert. Die letzte Gruppe der Monogramme **[4]** demonstriert die Verwendung computerisierter Zeichen zum Trennen von Initialen. **5,6** | *Gibt es eine Möglich-*

Gebiete erkundet, kartografiert und besie-

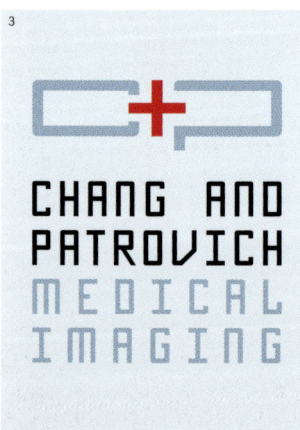

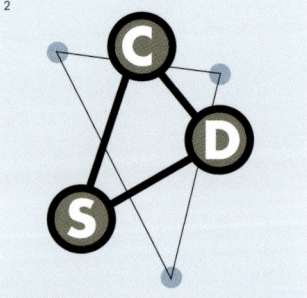

1 | House Gothic   2 | Futura   3 | Kamaro   4 | Methodic

keit, geometrische Formen, Dimensionen oder Perspektive in Ihr Monogramm aufzunehmen, um Anklänge an moderne (oder althergebrachte) Wissenschaften zu schaffen?

7 | Die verbindenden Buchstabenformen in diesem Monogramm machen sie zu guten Vertretern eines Unternehmens, das sich mit Vernetzung befasst. Ziehen Sie eine Vielzahl von Schriften für Ihr High-Tech-Design in Betracht –

suchen Sie nach einer Schrift, die aus dem gleichen thematischen Umfeld stammt, das Sie für Ihren Monogramm- oder Logoentwurf anstreben.

delt. Vom Cyberspace inspirierte Schriften sieht

Wenden Sie digitale Effekte an, um Botschaften zu vermitteln, die mit Technik zu tun haben, wie ... die Wirkung digitaler Effekte.

1 | Hier wurde ein relativ einfaches Monogramm in Photoshop überarbeitet, um ihm dieses Cyber-Punk-Aussehen zu geben.

Die Schrift des Monogramms stammt aus der gleichen Familie wie die Schrift für den Firmennamen. Es ist nicht zwingend vorgeschrieben, die gleiche Schrift in einem Logodesign zu verwenden, es bietet aber eine zuverlässige Methode, um den ganzen Entwurf harmonisch wirken zu lassen.

man häufig in Medien, die sich an jüngere,

DigitalFX
DESIGN STUDIO

2 | Die Einfachheit der Untersuchung ist wahrscheinlich das größte Geschenk der Technik an die Designer. Es nimmt nur wenige Minuten in Anspruch, das volle Spektrum der digitalen Effekte eines so reichhaltigen Programms wie Photoshop zu erkunden. Verwenden Sie verschiedene Filter, Transformationen und Farben und sichern Sie alle gelungenen Lösungen. Bewerten Sie Ihre Lieblingsstücke anhand der visuellen und thematischen Ziele, nach denen Sie streben.

technikinteressierte Konsumenten richten. Man

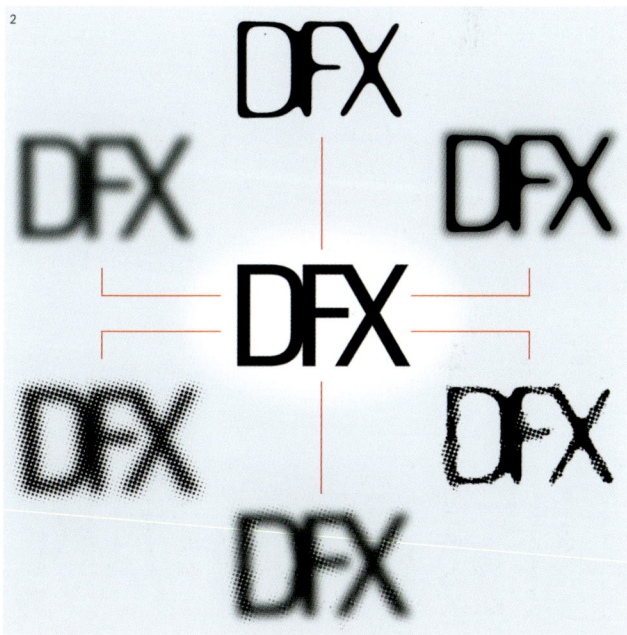

1 | *Wie wäre es mit einer Grafik, die ein buchstäblicher Ausdruck Ihrer High-Tech-Worte wäre? Hier formen 1.024 Quadrate den Hintergrund für das Wort Kilobyte. (Ungeachtet seines Namens repräsentiert ein Kilobyte die* Zahl 1.024, nicht die Zahl 1.000).

2–4 | Mit Schrift kann man ein Bild schmücken oder untertiteln, das die Bedeutung eines Wortes illustriert. Testen Sie verschiedene Schriften für solche Lösungen. *Soll die Schrift das Thema des Bildes verstärken? Soll sie relativ neutral sein und dem Bild die Hauptrolle überlassen? Soll die Schrift die offensichtliche Botschaft des Bildes ironisch brechen?*

muss sich dennoch merken, dass technikorien-

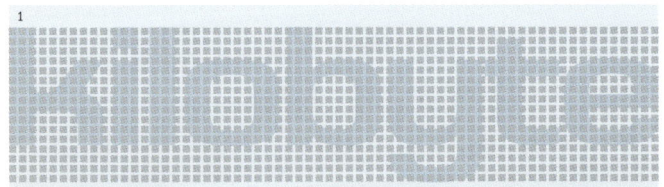

5,6 | Wählen Sie beim Entwurf von Wortgrafiken Lösungen, deren Schriftdesign die Bedeutung des Wortes reflektiert. Geben Sie der Schrift mit digitalen Mitteln das passende Aussehen. Das erste Beispiel zeigt eine

Schrift, die wirken soll, als wäre sie besonders aktiv. Die relativ normale Schrift aus dem zweiten Beispiel erhält den Bewegungseindruck durch den Photoshop-Filter WIND.

7 | Halten Sie Ausschau nach Schriften, die konzeptuell mit dem Wort verbunden sind, das Sie bearbeiten. Die hier verwendete Schrift scheint ideal zu sein, da ihre **t**s wie Pluszeichen aussehen.

ierte Themen nicht unbedingt am besten von

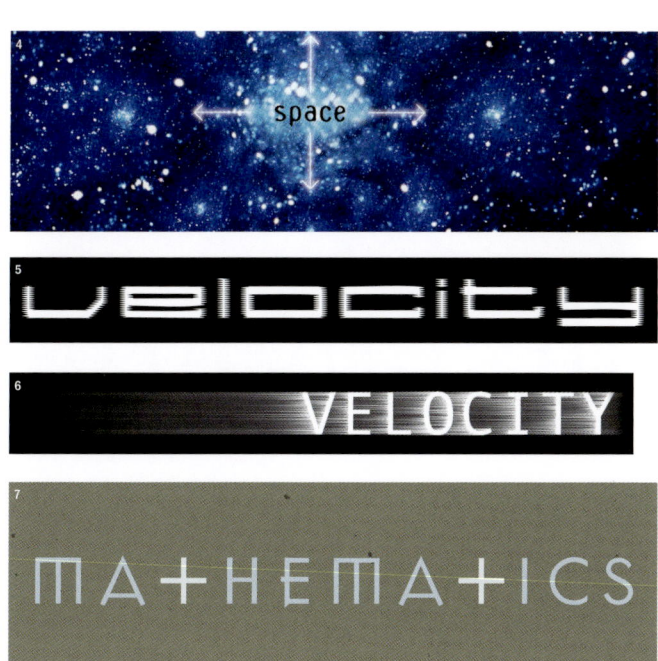

Die Schrift, die Sie für eine Wortgrafik oder Überschrift wählen, kann der buchstäblichen thematischen Botschaft des Textes den entscheidenden Dreh geben. Beachten Sie das breite Spektrum an Bedeutungen, die aus den verschiedenen Schriften in diesen Beispielen resultieren – von modern bis klassisch, von technisch bis humanistisch, von wissenschaftlich bis kindlich. Unterschätzen Sie niemals den Einfluss des visuellen Ausdrucks einer Schrift auf die Stimmung und Bedeutung eines Textes.

ebensolchen Schriften begleitet werden. Nehmer.

1

discovery

2

discovery

3

Discovery

1 | Klavika   2 | Python   3 | Spaceage

Sie z.B. Veröffentlichungen für Entwickler, die

Passen Sie bei einem Logo die Buchstaben (oder Wörter) so an, dass sie die thematische und/oder buchstäbliche Botschaft des Firmennamens betonen. Diese Vorher-Nachher-Darstellungen helfen Ihnen dabei.

1 | Hier wurden bei dem Logotext bestimmte obere Serifen mit benachbarten Buchstaben zusammengezogen. Auch das **f** und das zweite **i** wurden verbunden, um die ungünstige Verbindungsstelle zu glätten.

2 | Um die Lesbarkeit dieses Logos zu sichern, wurden einige Buchstaben verändert: Das **f** erhielt Querstriche, zwischen bestimmten Buchstaben wurden die Verbindungen unterbrochen, um sie besser unterscheiden zu können.

den Entwurf moderner Geräte betreuen. Medien

1 | Bodoni Antiqua   2 | Transaxle   3 | Futura   4 | Franklin Gothic

3 | Können Buchstabenpaare im Logo zusammengefasst werden, ohne die Lesbarkeit zu beeinträchtigen?

4 | Wie wäre es mit einer themenbasierten Lösung mittels einfachen Variationen der Zeichenstärken?

5–7 | Testen Sie Ideen mit grafischen Zusätzen zu – oder in – den Buchstabenformen Ihres Logos.

8 | Gibt es Möglichkeiten, andere (vielleicht komplexere) grafische Formen in das Design Ihres Logos zu integrieren?

Beachten Sie, dass dieses Logo durch seine älter wirkende Schrift und eine moderne kompositorische Struktur Anklänge sowohl an die Vergangenheit als auch an die Zukunft vereint.

für diese Zielgruppe verwenden oft Schriften mit

Wenn Sie Schrift zu einem Icon hinzufügen, dann untersuchen Sie Ihre Möglichkeiten hinsichtlich Typografie, Komposition und Farbe. Achten Sie darauf, wie diese Faktoren die visuelle und thematische Wirkung des Logos beeinflussen.

1 | Hier wurde eine Schrift gewählt, die mit ihrem überspitzten Ausdruck von Modernität eine etwas skurrile Grafik unterstützt. Kontrastierende stilistische und proportionale Eigenschaften zwischen dem Logotext und der Illustration erzeugen ein ausgefallenes Gefühl, ohne den futuristischen Eindruck des Logos zu zerstören. Die einfache Grotesk des Logos verleiht dem Design einen vernünftigen Unterton.

einem starken Anklang an Logik und akademischen

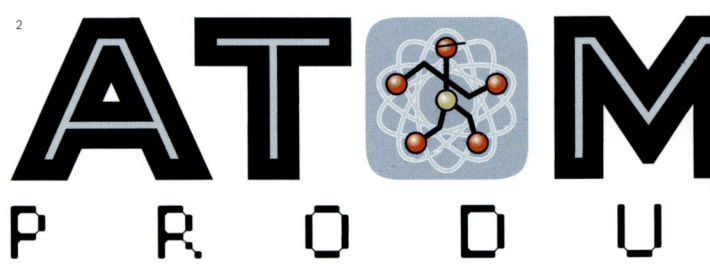

2 | *Ist es möglich, Ihr Bild direkt in den Namen des Unternehmens einzufügen, ohne dass die Lesbarkeit der Schrift leidet?* Die Farbe in den Buchstaben entspricht einer der Farben in der Illustration. Durch diese farbige Verbindung entsteht eine visuelle Verknüpfung zwischen der Schrift und dem Icon.

3 | Ohne die Linien im Hintergrund, die den freien Raum ausfüllen und eine Verbindung zwischen den Elementen schaffen, würde der große Abstand zwischen den Wörtern in diesem Layout die Komposition zerreißen. Mit Linien oder Hintergrundfeldern können Sie eine Gesamtform für Ihr Logo anlegen und ein Gefühl von Gemeinsamkeit zwischen den Komponenten schaffen.

Wesen. Die Bedeutung des »Kenne dein Publikum«

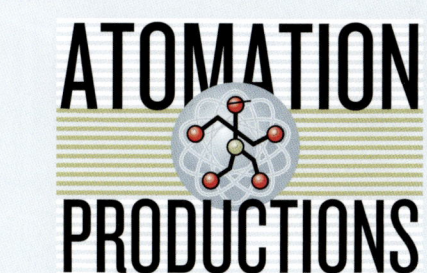

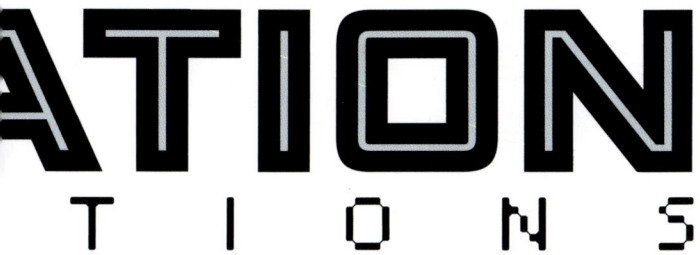

1 | *Wie wäre es mit einem geteilten Ansatz?* Wählen Sie eine Schrift, die den Anforderungen an die Proportionen und thematischen Ziele Ihrer konstruierten Komposition entspricht.

2 | Die altertümliche Schrift in diesem progressiven Design verleiht dem Ganzen ein eigenes Gefühl von Rebellion. *Wie wäre es mit einer ungewöhnlichen Schrift für einen frechen Unterton im Hauptthema Ihres Logos?*

3 | Typografische Ketzerei oder Zeichen der Zeit? Hier wird die Frechheit des vorherigen Designs weiter verschärft: eine gerasterte Version einer jahrhundertealten Fraktur. Beobachten Sie die Arbeit der zeitgenössischen Designer – Sie

(und das Verständnis für dessen typografische un

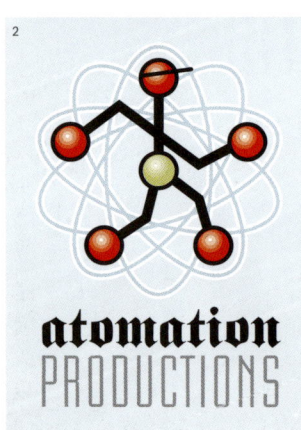

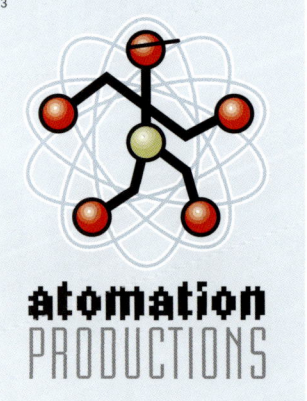

1 | Macroscopic   2 | Fette Fraktur, Briem Akademi   3 | Dotic, Briem Akademi

wissen nie, mit welch seltsamen Kreationen diese als Nächstes aufwarten.

4,5 | Testen Sie typografische Lösungen, die der Kontur der Grafik Ihres Logos – genau oder auch nicht so genau – folgen.

6,7 | Diese beiden Logoentwürfe stehen nebeneinander, um einen einfachen Punkt zu demonstrieren: Technologie ist ein fügsames Thema – eines, das sich gleichermaßen gut an so völlig verschie-

dene Bedeutung wie Ordnung **[6]** und Umsturz **[7]** anpasst. Untersuchen Sie alle möglichen konzeptuellen und kompositorischen Ansätze, während Sie Ihr Logo im Kopf, auf dem Papier oder am Computer skizzieren.

stilistische Vorlieben) ist vor allem dann wichtig,

4

5

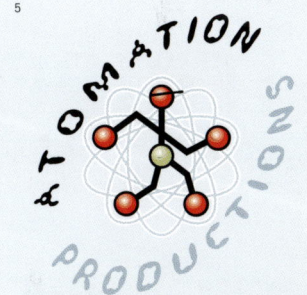

6

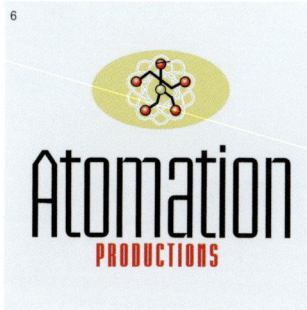

7

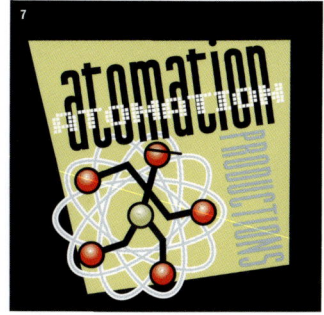

Anhand von Newsletter-Titeln werden einige Varianten für Überschriften/Untertitel gezeigt. Da es zwei Untertitel gibt, werden weitere typografische Herausforderungen und Möglichkeiten dargestellt.

1 | *Wie könnte ein grafischer Zusatz aussehen, der die Bedeutung des Titels verstärkt, ohne zu viel Aufmerksamkeit auf sich selbst zu ziehen?*

2 | Die Linien und der Pfeil in diesem Design dienen

zwei Zwecken: die verschiedenen Textelemente trennen und einen Punkt anbieten, der das Thema mit einem der Buchstaben der Überschrift interagieren lässt.

3,4 | Fügen Sie an oder hinter Ihrem Überschriften-Font ein

wenn Botschaften an eine bestimmte Gruppe

1

Trajectories

MONTHLY JOURNAL OF INTERSTELLAR SATELLITE GUIDANCE SYSTEM DESIGN
PUBLISHED BY THE MULTINATIONAL ASSOCIATION OF ROCKET SCIENTISTS · VOL.8

2

PUBLISHED BY THE MULTINATIONAL ASSOCIATION OF ROCKET SCIENTISTS

TRAJECTORIES

VOL.08 *Monthly Journal of Interstellar Satellite Guidance System Design*

3

PUBLISHED BY THE MULTINATIONAL ASSOCIATION OF ROCKET SCIENTISTS

TRAJECTORIES
VOLUME 08

MONTHLY JOURNAL OF INTERSTELLAR SATELLITE GUIDANCE SYSTEM DESIGN

grafisches Element ein. Untersuchen Sie traditionelle und nichttraditionelle Platzierungen und Positionen für Untertitel und andere Textelemente.

5 | Hier wurde eine futuristische Schrift für die Überschrift verwendet – diese Schrift braucht keine Hilfe von Grafiken, um das Gefühl von Technologie zu vermitteln.

Die einfache Grotesk der Untertitel verleiht der starken Persönlichkeit des Überschrift-Fonts Bodenhaftung.

6 | *Wie wäre es, wenn Sie ein geschlossenes Design für einen Titel schaffen?* Hintergrundfelder, Farben, Linien, Grafiken und Bilder sorgen für eine eigenständige kompositorische Struktur.

innerhalb dieses Bereichs gerichtet werden sollen.

1 | Spielen Sie mit der Schrift. *Ist es möglich, Ihre progressiven Gefühle nur mit typografischen Elementen zu vermitteln?*

2 | Widersetzen Sie sich der Logik auf dem Weg zu einem logisch wirkenden Design. Hier wurde für alle typografischen Elemente in dem Titelentwurf eine einzige Schriftgröße verwendet. Der Name des Newsletters wird nur durch die helle Farbe und die etwas größere Stärke hervorgehoben.

3,4 | Denken Sie vertikal. Layouts können auch um vertikal ausgerichtete Überschriften herum aufgebaut werden. Der aufsteigende Impuls der Schrift im zweiten Beispiel **[4]** stellt eine thematische Verbindung

Technologische und futuristische Themen können

1

Monthly Journal of Interstellar Satellite Guidance System Design

Trajectories

Volume Number 08 ■ Published by the Multinational Association of Rocket Scientists

2

Monthly Journal of Interstellar Satellite Guidance System Design > **Trajectories** > Volume 08 > Published by the Multinational Association of Rocket Scientists

1 | Joystik, Univers   2 | Lucida Sans Typewriter

zu der Bedeutung des Newsletter-Namens her. Streben Sie beim Entwurf nach solchen konzeptuellen Verknüpfungen.

5,6 | Im Allgemeinen wird es als typografische Sünde angesehen, Text auf diese Weise aufzustapeln – egal, ob die Buchstaben groß- oder kleingeschrieben werden –, da die Lesbarkeit dabei stark leidet. Meist ist es vorzuziehen, die Schrift auf die Seite zu legen (wie in den vorherigen Beispielen), wenn ein Textelement vertikal ausgerichtet werden soll.

DREI DER HIER GEZEIGTEN TITELENTWÜRFE DIENEN ALS ELEMENTE IN DEN BEISPIELLAYOUTS AUF DEN SEITEN 208–209.

auch in archetypischen Begriffen ausgedrückt

3

Trajectories

Monthly Journal of Interstallar Satellite Guidance System Design

Vol. 08

Published by the Mulitnational Association of Rocket Scientists

4

Trajectories

5

Trajectories

6

TRAJECTORIES

5

Monthly Journal of Interstellar Satellite Guidance System Design

Vol. 08

Published by the Multinational Association of Rocket Scientists

In den anderen Kapiteln dieses Buches ist der Abschnitt »Typografische Montagen« den Methoden gewidmet, wie man reine Schriftkompositionen *erzeugt*. Hier jedoch wird gezeigt, wie man bereits vorhandene typografische

Kompositionen verschieden *präsentieren* kann.

1 | Das Layout für eine technikorientierte Konferenz. Dieser Entwurf könnte allein oder in einem Layout verwendet werden, das seinen thematischen Ausdruck

weiter vertieft – wie in den acht folgenden Beispielen gezeigt.

2 | Um den Schild des Logos herum werden farbige Echos erzeugt. Das resultierende Gefühl von Perspektive und Expansion

werden (falls sich in weniger als einem halber

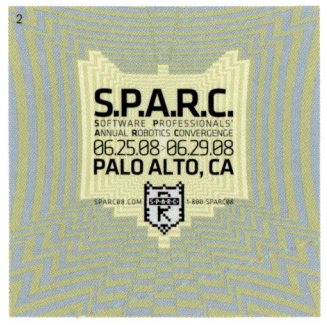

vermittelt eine computergenerierte Modernität.

3 | Hier sind von der Schrift nur die Umrisse zu sehen. Ein spiralförmiger Drahtgittereffekt unterstützt die wissenschaftliche und forschende Anmutung des Designs.

4 | Setzen Sie Technik ein, um Technik zu verkörpern. *Wie wäre es, wenn Sie ein Foto Ihres Designs aufnehmen, während es auf einem* *Computermonitor angezeigt wird? Oder warum projizieren Sie es nicht auf eine interessante Oberfläche und machen dann ein Bild davon?*

Jahrhundert überhaupt Archetypen entwickeln

1|Für diesen Effekt wurde das Originaldesign nach Photoshop exportiert und dann mit den Filtern BELEUCHTUNGSEFFEKTE und BLENDENFLECKE bearbeitet – ein einfacher Weg zu einem drastischen Ergebnis.

2|Erstellen oder kaufen Sie Bilder, die als Hintergrund das Thema unterstützen können. Hier liegt ein Farbfoto mit Leuchtspuren hinter einer durchscheinenden Ebene mit Binärzahlen (der Grundlage der Computersprachen).

Das Ergebnis ist ein dynamischer und thematisch relevanter Hintergrund für die Botschaft des Designs.

3|*Ist in Ihrem Design Platz für ein oder zwei Fotos als Blickfang?*

können). Beispiele: gepixelte Schriften aus der Vor-

4 | *Was wäre, wenn Ihre typografische Montage Teil eines größeren Bildes würde?* Hier nimmt die Roboterfigur das Zentrum ein und scheint das Motto der Konferenz in Form einer Cyber-Denkblase bekannt zu geben.

5 | In diesem Design späht das digital veränderte Bild einer Roboterfigur hinter einer Ebene mit durchscheinender Schrift hervor. Sowohl das Bild als auch die Schrift wurden in Photoshop bearbeitet und dann zusammenge-

setzt. Untersuchen Sie die Ebenen-, Filter- und Deckkraft-Effekte, die Ihr typografisches Design in neue kreative Höhen katapultieren.

Macintosh-Ära, Formen, die LED-Anzeigen imi-

Poesie trifft auf Wissenschaft. Gehalten wird der Monolog von einem sterbenden Androiden im Film *Blade Runner* (1982). *

1 | Es gibt viele faszinierende Schriften, die den Ausdruck von Computertechnik vermitteln. Sie eignen sich vielleicht nicht am besten für große Textblöcke (da sie nicht immer leicht zu lesen sind), können aber für solche kurzen Auszüge in Betracht gezogen werden.

tieren, Schriften, die »nostalgische« Erinnerunge

```
I've seen things you people wouldn't
believe. Attack ships on fire off the
shoulder of Orion. I watched C-beams
glitter in the dark near the Tannhauser
gate. All those moments will be lost in
time, like tears in rain. Time to die.
```

*Übrigens: 2004 wurden 60 Wissenschaftler vom *The Guardian* (UK) befragt, um den besten Science-Fiction-Film aller Zeiten zu ermitteln. Ihre erste Wahl war Ridley Scotts *Blade Runner*, dicht gefolgt von *2001: A Space Odyssey* von Stanley Kubrick. Das in diesem Abschnitt verwendete Zitat wird von vielen Science-Fiction-Aficionados als ultimativer Dialog des Films (wenn nicht sogar des gesamten Genres) betrachtet. Hampton Fancher und David Peoples schufen das Blade-Runner-Drehbuch angelehnt an den 1968 erschienenen Roman von Philip K. Dick, *Träumen Androiden von elektrischen Schafen?* Allerdings war es Rutger Hauer – der Schauspieler, der einen der Androiden in dem Film spielte –, der einen Großteil dieses Monologs improvisierte, einschließlich der berühmten Zeile »All diese Momente werden verloren sein in der Zeit, so wie … Tränen im Regen.«

2 | Dies ist eine Hommage an das poetische *und* technologische Erbe des Zitats. Die anmutigen Formen einer raffinierten Serifenschrift wurden über einen digital inspirierten Hintergrund gesetzt.

3 | Unterstriche zwischen den Wörtern und die Ausrichtung im Blocksatz ohne Trennstriche ahmt die ultralogischen Konventionen nach, die man von authentischer Cybersprache erwartet (vielleicht wäre das Zitat so transkribiert worden, wenn es tatsächlich von einem Androiden gesprochen worden wäre). Berücksichtigen Sie Lösungen, deren thematische Ehrlichkeit grammatikalische Fehler kompensiert.

in   das   späte   20.   Jahrhundert   wecken   (wie

I've seen things you people wouldn't believe. Attack ships on fire off the shoulder of Orion. I watched C-beams glitter in the dark near the Tannhauser gate. All those moments will be lost in time, like tears in rain. Time to die.

```
I've_seen_things_you_people_woul
dn't_believe_Attack_ships_on_fire
_off_the_shoulder_of_Orion_I_wat
ched_C-beams_glitter_in_the_dark
_near_the_Tannhauser_gate_All_t
hose_moments_will_be_lost_in_ti
me_like_tears_in_rain_Time_to_di
e
```

Zweifellos haben Sie die digital erstellten Zeichen im Hintergrund dieser (und der vorigen) Doppelseite bemerkt. Schrift und Farbe reichen aus, um einen stimmungsvollen Hintergrund zu erzeugen.

1 | Nie hat Technologie gezögert, die Konventionen herauszufordern – daher können auch Sie gegen typografische Konventionen zu Felde ziehen, wenn Sie das Technikgefühl vermitteln wollen. Beginnen Sie doch zum Beispiel einen Absatz mit gerasterten Großbuchstaben, die Sie allmählich in eine elegante Kursive mit Serifen übergehen lassen, um eine mögliche Verbindung zwischen Schaltkreisen und Emotionen anzudeuten.

Punktmatrixschrift, circa 1970) und Schriften, di

2 | Und merken Sie sich: Falls Sie lieber doch keine digital inspirierte Schrift für Ihren Text verwenden, Ihre Botschaft aber dennoch in einer High-Tech-Umgebung präsentieren wollen, dann nehmen Sie eine »normale« Schrift und setzen die Stimmung in Ihrer Komposition über die anderen Elemente. Hier schauen zwei gerasterte Augen hinter den konzeptuell neutralen Formen einer Grotesk-Schrift hervor.

typisch für ältere Science-Fiction sind. Designer

1

I've seen things you people wouldn't believe. Attack ships on fire off the shoulder of Orion. I watched C-beams glitter in the dark near the Tannhauser gate. All those moments will be lost in time, like tears in rain. Time to die.

2

I've seen things you people wouldn't believe. Attack ships on fire off the shoulder of Orion. I watched C-beams glitter in the dark near the Tannhauser gate. All those moments will be lost in time, like tears in rain. Time to die.

Um das Design einer Seite einheitlich erscheinen zu lassen, suchen Sie nach einem visuellen und konzeptuellen Echo zwischen den typografischen und strukturellen Elementen der Komposition. Das

könnten Farben sein, die gut zusammen passen, Schriften, die aus der gleichen Familie (oder aus entgegengesetzten Familien) stammen, und logische Anordnungen zwischen den einzelnen Elementen des Designs.

DIE HIER VERWENDETEN TITELDESIGNS STAMMEN VON DEN SEITEN 196–199.

dürfen nicht überrascht sein, wenn sie feststellen, dass Technologie ein Thema ist, das mit allen möglichen Schriften ausgedrückt werden kann – schließlich sind Computer und Technik selbst integral Bestandteile der Erzeugung, Darstellung und

Die modernistische Schrift im Titel dieses Newsletters gibt einen progressiven Ton für den Entwurf vor. Für die Artikel des Newsletters wurde eine Schrift gewählt, die besser lesbar ist. Um eine Verbindung zwischen dem Titel- und dem Inhaltsbereich des Layouts aufzubauen, wurde an den Anfang des Textes eine große Initiale gesetzt. Diese Initiale stammt aus dem gleichen Font wie der Titel des Newsletters und weist einen Farbton auf, der ebenfalls im Titel zu finden ist. Weitere Harmonie wird dadurch erreicht, dass die Trennstriche im Inhaltsbereich auch diese Farbe zeigen.

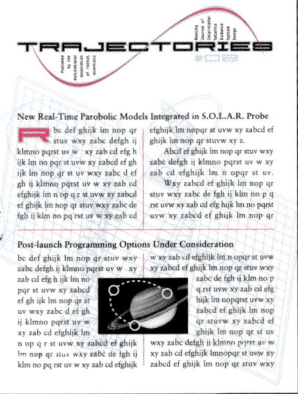

Ein visuelles Echo zwischen dem Kopf- und dem Inhaltsbereich dieses Layouts besteht in Form eines Gitters, das in beiden Teilen des Designs auftaucht – sowie in den abgerundeten Ecken der Kästen, die beide Abschnitte definieren. Es gibt auch ein typografisches Echo: Die Schrift im Untertitel des Newsletters wird auch für die Überschriften der Artikel verwendet (gleiche Schriftgröße, unterschiedliche Farben). Eine gemeinsame Farbpalette im gesamten Layout hilft bei der Vermittlung eines einheitlichen Gefühls.

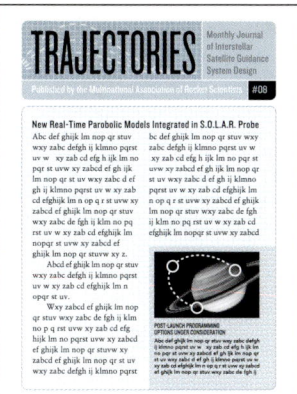

2

Weiterentwicklung von Schrift.

Hier bietet die Position des Namens des Newsletters im Titel einen Anhaltspunkt für die Ausrichtung der Spalten darunter (angedeutet durch die gepunktete Linie). Solche Anordnungen stellen eine weitere Möglichkeit dar, eine Verbindung zwischen den verschiedenen Elementen eines Layouts zu schaffen. Textüberschriften in der gleichen Schrift wie im Titel erzeugen ebenfalls ein Gefühl von Einheitlichkeit. Beachten Sie, dass die weiße Linie, die die Textblöcke im Inhaltsbereich trennt, der weißen Linie im Titel entspricht. Auch hier dient Farbe dazu, eine visuelle Verbindung zwischen dem Kopf- und dem Inhaltsbereich aufzubauen.

3

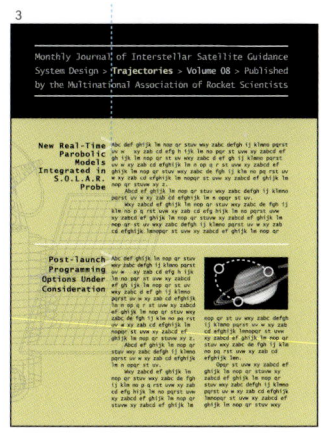

Schriften in diesem Kapitel:

Aus jeder Schriftfamilie wird ein Vertreter gezeigt.

SERIFENSCHRIFTEN

Helvetica

Bodoni Antiqua

House Gothic

Caslon Antique

Klavika

CASTELLAR

Knockout

Sabon

Reykjavik

Requiem

Univers

GROTESK-SCHRIFTEN

NICHTPROPORTIONALSCHRIFTEN

Avenir

Andale Mono

Briem Akademi

Lucida Sans Typewriter

Formata

Franklin Gothic

Futura

Giotto

Dearest

Fette Fraktur

Motion

Atomic

Bionika

BUZZER THREE

Dotic

GENETRIX

IRON MAIDEN

JoyStik

Kamaro

MACROSCOPIC

METHODIC

Oculus

PATRIOT

Python

spaceage

thomas

Transaxle

W1RED

Schriften kombinieren

Das Kombinieren von Schriften ist ein widersprüchlicher Vorgang – man muss typografische Verbindungen erkennen können, die gleichzeitig *kontrastieren* und *einander ergänzen*. Das ähnelt der Suche nach den richtigen Leuten für ein Duett oder Trio, in dem mehrere Stimmlagen benötigt werden (Bariton, Tenor, Sopran usw.), die miteinander harmonieren.

Um gestalterische Harmonie in einem Layout durchzusetzen, ist es möglich, Schriften zu verwenden, die aus der gleichen Schriftfamilie stammen. Beispielsweise könnte die Überschrift einer Anzeige in der fetten Version einer Schrift gesetzt werden, der Untertitel verwendet die kursive und der Anzeigentext die normale Form dieser Schrift. Natürlich haben die stilistischen Projektionen einen großen Einfluss auf die Anmutung eines Layouts, dessen Schrift aus einer einzigen großen Familie stammt – vor allem, wenn die Komposition nur aus Text besteht.

Oft jedoch will ein Designer ein Layout erzeugen, das sich über mehr als eine Schrift ausdrückt. In diesen Fällen können unterschiedliche Schriften verschiedene thematische und kompositorische Rollen spielen. Beispielsweise könnte eine ausdrucksstarke, energiegeladene Schrift für eine Überschrift verwendet werden, während eine passivere, gut lesbare Schrift für Untertitel und Fließtext zum Einsatz kommt.

Man kann nicht exakt sagen, wann ein Layout Schriften aus mehr als einer Familie verwenden sollte oder welche Schriften in diesem Fall kombiniert werden sollten. Das hängt vom Instinkt des Designers ab, der sich entwickelt, während er die Grundlagen der Typografie erlernt, die Arbeit erfolgreicher Designer untersucht und das aktuelle typografische Wissen auf Projekte aller Art anwendet sowie die Ergebnisse auswertet.

Die folgenden Gedanken und Beispiele sollen zur Unterstützung bei der Entwicklung des typografischen Instinkts dienen.

Seien Sie mutig, wenn Sie Schriften mischen. Kombinieren Sie Schriften, die sich klar voneinander unterscheiden. Und fragen Sie sich gleichzeitig, ob es sinnvoll ist, dass die visuellen Stimmen dieser speziellen Schriften zusammen ertönen. Ergeben ihre unterschiedlichen Eigenschaften eine gemeinsame thematische Botschaft, d.h. Professionalität, Mut, Eleganz, Zwietracht, Chaos? Sollen die Schriften zusammen harmonisch oder streitsüchtig klingen? Besitzen die Schriften ähnliche gesellschaftliche oder historische Grundlagen? *Sollen* sie ähnliche Grundlagen haben?

Bedenken Sie diese Faktoren, wenn Sie Schriften miteinander kombinieren – egal, ob Sie am Layout eines Logos oder einer Seite arbeiten.

Vermeiden Sie es am besten, Schriften zu kombinieren, die ähnlich breit und groß sind oder die in nur geringfügig abweichenden Dialekten das Gleiche zu sagen scheinen (wie die Schablonenschriften im unteren Beispiel). Solche Kombinationen wirken häufig unentschlossen. Der Betrachter dieser Schriftmischungen wird sich fragen, ob sich der Designer nicht für eine Schrift entscheiden konnte oder ob ihm ein Fehler unterlaufen ist.

Weitere Beispiele auf der nächsten Seite ...

Kombinationen aus Schriften mit deutlicheren Unterschieden erwecken den Anschein von Ausgelassenheit, Schlitzohrigkeit, Zwietracht oder Rebellion.

Denken Sie zusätzlich zu der Kombination der Schriften in einer typografischen Komposition auch über unterschiedliche Methoden nach, wie Sie Gemeinsamkeiten oder Unterschiede zwischen den Wörtern durch Farbe oder kompositorische Mittel verstärken können. Könnte Farbe das Gefühl von Harmonie zwischen zwei (oder mehr) Schriften unterstützen? Wie wäre es, eine breite Laufweite bei dem einen Wort und eine schmale bei dem anderen Wort einzusetzen, um die Unterschiede zwischen beiden zu betonen? Oder verwenden Sie einmal eine gebogene Grundlinie oder ein vertikal ausgerichtetes Wort.

Weitere Gedanken über Schriftkombinationen:

Erfahrene Designer verwenden selten mehr als zwei oder drei Schriften in einem Layout, es sei denn, sie zielen auf Themen ab, die umfassend, feierlich, ausgefallen oder irrational sind. Meist ist es am besten, auf Nummer Sicher zu gehen und zu wenige – statt zu viele – Schriften einzusetzen.

Beziehen Sie bei einem Layout auch die Schrift des Logos ein, wenn Sie die Schriften für das restliche Design festlegen. Könnten diese Schriften aus der gleichen Familie stammen wie die des Logos? Wäre es besser, wenn sie sich von der Schrift im Logo unterscheiden? Lässt sich die Schrift des Logos schlecht mit anderen Schriften kombinieren, dann versuchen Sie, um das Logo herum Platz zu schaffen, um so den Konflikt zu verringern, der ansonsten zwischen dem Logo und benachbarten Textelementen auftritt.

Der Computer bietet den Designern eine beispiellose Freiheit, die Wirkungen unterschiedlicher Schriftkombinationen zu untersuchen. Testen Sie mehrere Kombinationen, bevor Sie sich für eine Schrift entscheiden. Schauen Sie sich Lösungen mit einer einzigen Schriftfamilie sowie Kombinationen aus mehreren Familien an. Erkunden Sie logisch erscheinende sowie ungewöhnliche Paarungen – mit dem Schriftmenü dauert das nur einen Moment (und lässt sich leicht wieder rückgängig machen).

Schauen Sie sich die Arbeit guter Designer an. Welche Schriften kombinieren diese in ihren Layouts? Beachten Sie die Wirkungen von Schriftkombinationen, die die Raffinesse eines Layouts gekonnt vertiefen, sowie von Kombinationen, die radikale visuelle und thematische Ausdrücke nach sich ziehen.

Organische Bereiche

Hier geht es darum, wie die Themen **Natur, Gartenbau, Menschlichkeit** und **Umwelt** durch Schrift und die sie begleitenden kompositorischen Elemente ausgedrückt werden können.

1 | Das Wort *organisch* beschreibt in diesem Kapitel thematische und ästhetische Qualitäten, die eine Verbindung zur natürlichen Welt und ihren Bewohnern aufweisen. Hier besteht die Verbindung in der Form eines

Buchstabens, der aussieht, als wäre er auf handgefertigtes Papier geheftet oder den Wirkungen des Wetters oder des Alters ausgesetzt.

2–4 | In diesem Abschnitt werden auch Buchstaben verwendet, die nichtme-

chanisch und spontan wirken. Solche Zeichen sind oft Varianten einer Standardschrift.

5 | Anmutig gerundete Serifen verbinden sich fließend mit den geraden Elementen dieses

Jeder Samen bringt eine andere Lösung für

Buchstabens. Diese Details vermitteln ein Gefühl von Wärme und Freundlichkeit – anders als bei Schriften, die aus kantigeren Elementen aufgebaut sind.

6-14 | Schriften, die hand-gezeichnet sind (oder so

aussehen), passen gut zu organischen Themen. Die Auswahl an Schriften in dieser Kategorie ist fast so groß wie der Bereich der sie inspirierenden Handschriften.

15–17 | Schriften, die ihre organischen Themen sehr deutlich ausdrücken, eignen sich besonders für Initialen oder in Überschriften, Logos und Wortgrafiken, die ganz unverhohlen nach einer Verbindung zur natürlichen Welt streben.

das gleiche Rätsel mit. Alle organischen Wesen

1,2 | Textornamente, die visuelle Anklänge an Blätter, Reben, Blumen und andere organische Einheiten bieten, können sowohl als Dekoration als auch für eine natürliche Anmutung in Layouts eingesetzt werden.

3 | Diese locker ausgeführte Verwandte des vorherigen Ornaments vermittelt einen stärkeren Sinn für Natürlichkeit, da sie aus einer Familie handgezeichneter Dekorationen stammt. Solche Ornamente können mit ähnlich gestalteten

Fonts kombiniert werden, wenn man Improvisation ausdrücken will. Sie lassen sich auch in Kompositionen einfügen, die einfache Schriften verwenden, um dem Gesamtentwurf eine lockere Note zu verleihen.

auf diesem Planeten streben danach, entsprechena

4 | Auch Ornamente, deren Design nicht in gartenbaulichen Formen verwurzelt ist, können organisch wirken. Die lockere Struktur des Ornaments, mit dem das Muster erstellt wurde, schafft eine lässige Atmosphäre.

5,6 | Lebensmittel sind das Thema mehrerer fontbasierter Ornament- und Illustrationssätze. Nutzen Sie solche fertigen Bilder als eigenständige Illustrationen oder als Grundlage für Muster.

7–11 | Es gibt sogar font-basierte Illustrationssätze, die frei gestaltete Bilder für praktisch alles Mögliche enthalten. Der natürliche Stil dieser Art von Bildern verleiht dem Thema, auf das sie angewandt werden, etwas Menschliches.

ihrem Bedürfnis nach Dingen wie Wärme, Wasser

1–4 | Buchstabenformen können als Grundlage für alle Arten von organisch-inspirierten Bildern verwendet werden. *Warum integrieren Sie nicht einmal eine Illustration in Ihren Buchstaben, die selbst ein Naturthema wiedergibt?*

Wie wäre es, wenn Sie Ihr naturbasiertes Bild zu einer ausgesprochen nichtnatürlichen Schrift hinzufügen? Oder Sie kombinieren Ihre Illustration mit einer konzeptuell neutralen Buchstabenform.

und Sex zu gedeihen. Für das menschliche Auge

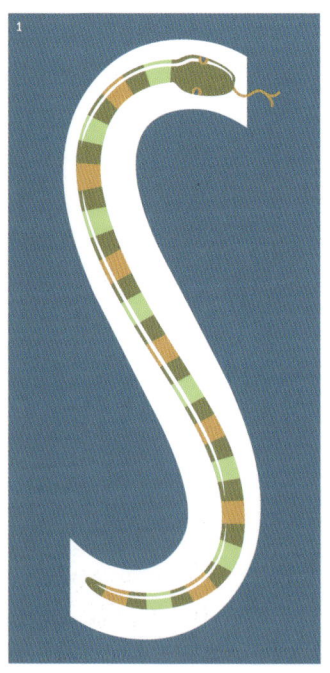

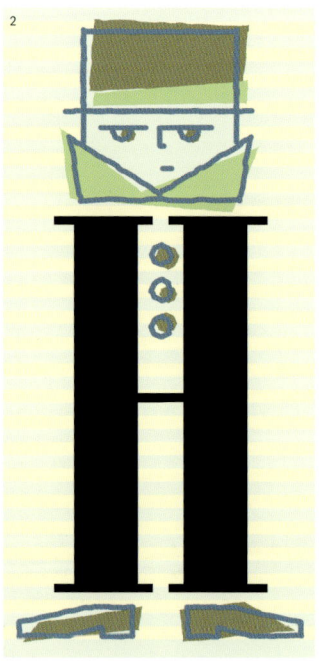

1 | Gill Sans   2 | Bodoni Antiqua

5,6 | Hier werden Visionen und Humanität durch Illustrationen vermittelt, die gänzlich aus typografischen Zeichen bestehen. Solche Bilder verbinden organische Themen mit einem Gefühl von Literatur, Medien und Technik.

7 | Durch E-Mails ist die Verwendung von Emoticons aufgekommen, die aus Interpunktionszeichen und Buchstaben bestehen. *Könnte ein solches typografisches »Zeichen« auch in einem Nicht-E-Mail-Projekt wirken?*

scheint das organische Wachstum manchmal zu

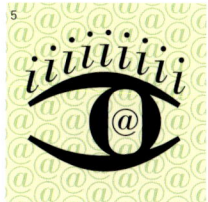

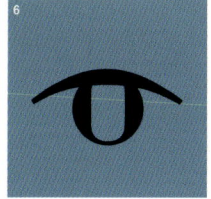

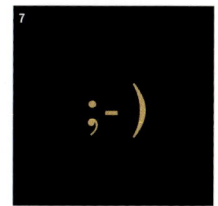

Initialen lenken den Blick des Betrachters auf den Anfang eines Textblocks und dienen auch zur Einstimmung auf ein Thema.

1 | Viele Initialen sind als organische Kompositionen gestaltet.

2 | *Suchen Sie nach einer etwas zeitgemäßeren Initiale? Nehmen Sie die Sache selbst in die Hand!* Hier wurde eine schlanke und geometrische Buchstabenform mit einem selbst gezeichneten Efeu kombiniert. Das Ergebnis

ist ein einmaliger Mix aus Modernität und Tradition.

3 | *Wer sagt, dass ein Buchstabe mit Pflanzen geschmückt werden muss, um organische Themen zu verkörpern? Der Marienkäfer vor diesem*

physischen Formen zu führen, die als anmutig und

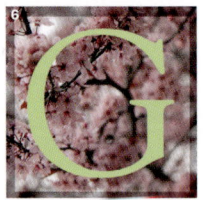

großen **G** stammt aus einer Schriftfamilie, die sich auf Käfer spezialisiert hat.

4 | Diese Initiale zeigt einen Buchstaben, der über und nicht in einem Satz dekorativer Ornamente sitzt. Interessanterweise entspringt der verwendete Lorbeer einer nichtorganischen Quelle: einem grafischen Zeichensatz aus der Sowjetära.

5 | *Bekritzeln Sie Ihre Initiale, damit sie wirklich handgemacht wirkt!*

6–9 | *Wie wäre es mit einem Foto anstelle einer Illustration, um Ihre selbst gemachte Initiale mit einem organischen Thema zu verbinden?* Mittels Software können Sie verschiedene Kombinationsmethoden erkunden.

vernünftig strukturiert angesehen werden. Dann

1 | Die handgefertigte Schrift für dieses Monogramm vermittelt das Gefühl von Spontaneität und künstlerischer Kreativität. Kompositorisch passen die beiden Zeichen gut zueinander – ein Schwung des **Y** dient als Balken des **A**.

2 | Hier umrahmen die Zeichen eine florale Illustration. Das stilistische Echo zwischen der Schrift und dem Bild bringt Harmonie in das Design.

3 | *Wie wäre es, wenn Sie Buchstaben kombinieren,* *die bereits von sich aus sehr natürlich wirken?*

4 | Dieses Monogramm ist ausschließlich das Produkt aus Auswahl und Anordnung der Schrift. Beachten Sie die feinen Unterschiede zwischen den

wieder scheinen organische Formen planlos und

1 | Bramble   2 | Requiem   3 | Gill Floriated   4 | Papyrus, Franklin Caslon Ornaments

Ornamenten – sie betonen ihre handgezeichnete Herkunft (es gibt in dieser Schriftfamilie nicht weniger als neun Variationen dieses Ornaments).

5,6 | Die natürliche Welt ist sowohl schön als auch rau.

Berücksichtigen Sie Blätter und auch Dornen, wenn Sie einen dekorativen Rahmen für Ihr Monogramm suchen.

7 | Der hier verwendete Baukastenansatz erlaubt das Hinzufügen thematisch passender Bilder und ver-

langt keine Buchstaben, die strukturell zusammengefügt werden müssen.

8 | *Wie wäre es, wenn Sie mit den Zeichen Ihres Monogramms sowie einigen grafischen Ergänzungen ein Bild erstellen?*

nach menschlichem Ermessen unlogisch zu sein

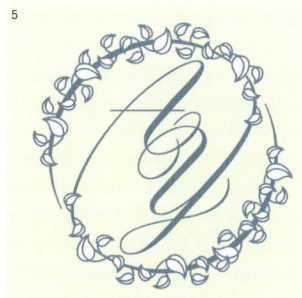

1,2 | Es gibt alle möglichen Methoden, um Wortgrafiken zu schaffen, die das Gefühl des Organischen vermitteln – manchmal müssen Sie nur die richtige Schrift wählen.

3 | Mit Schrift kann man mehr als nur Dinge schreiben. Hier verkörpern Buchstaben die Essenz eines Wortes auf textueller *und* visueller Ebene. Durch Software ist diese Art der Bilderkundung und -erzeugung einfacher als je zuvor.

4 | *Warum bauen Sie nicht einmal eine Szenerie um ein Motto herum auf, um dessen Bedeutung zu betonen?* Das Nebeneinander von Überschrift und Grafiken in diesem Layout bringt eine verschmitzte Note in dieses Design.

(obwohl man die menschliche Definition vor

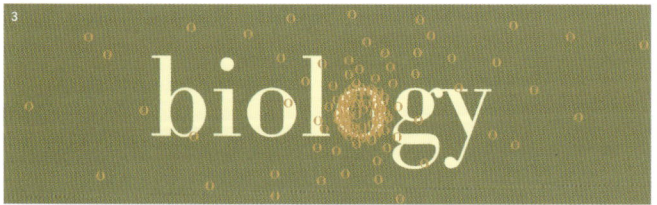

1 | Critter   2 | Infestia   3 | Bodoni Antiqua

5 | Dieser Handschriften-Font wirkt für sich schon organisch. Dieser Ausdruck wird durch die buchstäbliche Bedeutung des Textes, seine Verknüpfung mit einem naturorientierten Hintergrundmuster und eine Palette natürlicher Farben noch vervielfältigt. Fragen Sie sich bei der Erzeugung von Wortgrafiken, *wie weit Sie dieses Thema treiben sollten. Wie viele Ebenen visuellen Ausdrucks und thematischer Bedeutung sollten Sie anstreben?*

6 | Testen Sie verschiedene Platzierungen, wenn Sie Text auf ein Bild setzen. Untersuchen Sie sowohl Lösungen, die dem Text visuelle Priorität einräumen, als auch Anordnungen, in denen das Bild dominiert.

Logik nicht überbewerten sollte). In der visu-

1 | **Die Macht des Einfachen.** *Warum kombinieren Sie nicht einmal ein einmalig starkes Bild mit einem prägnanten Textelement zu einem Bild, das genug aussagt, ohne zu viel zu verraten?*

ellen Kunst werden organische Themen norma

5.

...ierweise durch Konturen, Formen und Farben

1 | Das Band (und die darin enthaltenen Ornamente) sowie die Schrift in diesem Design stammen aus verschiedenen Schriftfamilien. Blume und Stiel wurden von Hand gezeichnet. Logos, die handgemacht wirken sollen, eignen sich ausgezeichnet für solche improvisierten Designs.

2–4 | Manche Schriften bringen genügend Persönlichkeit mit, um das Thema eines Logos ohne grafische Verschönerungen zu vermitteln. Untersuchen Sie solche Lösungen – vor allem, wenn Geld und Zeit für das Projekt knapp sind.

5 | Der erste Buchstabe des Firmennamens wurde wiederholt, gedreht und eingefärbt, um ein Icon für das Unternehmen zu schaffen.

dargestellt, welche die adaptiven und fließenden

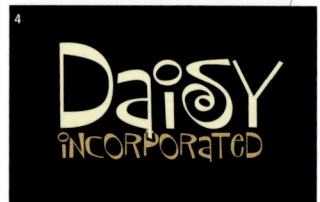

1 | Caslon Antique, Olduvai Ornaments   2 | Bramble   3 | Cenizas, Franklin Gothic   4 | Sniplash

Achten Sie beim Arbeiten mit Schrift auf solche grafischen Möglichkeiten. Testen Sie verschiedene Schriften, um die beste Wirkung zu erzielen.

6 | *Wie wäre es, wenn Sie Ihr Logo als selbststän-* *dige visuelle Umgebung gestalten?* Überlegen Sie, ob Sie außerhalb oder innerhalb (oder wie hier an beiden Stellen) Bilder in die typografischen Elemente Ihres Logos aufnehmen können.

Das Wort **incorporated** wurde auf eine Weise in das Layout integriert, die zusätzlich strukturierend wirkt: Seine Höhe entspricht der Strichbreite des **y** und es erscheint zentriert unter der Blume (dessen Farbe es außerdem besitzt).

Wege der Natur widerspiegeln. Und so viel-

5

6

1 | Falls Sie Ihre Schrift mit thematisch passenden Bildern füllen wollen, nehmen Sie am besten eine kräftige Schrift, die den Bildern genug Raum bietet. Da die Farben im Inneren der Schrift hell sind, wurde ein fetter Umriss hinzugefügt, um einen ausreichenden Kontrast zwischen dem Logo und seinem Hintergrund zu schaffen.

2 | *Wie wäre es, wenn Sie Ihr Logo in eine dynamische Struktur kleiden, die mit einem Muster aus organisch inspirierten Verzierungen gefüllt ist? Lassen Sie sich für solche Ideen von Kunst aus Kulturen mit einer starken Tradition in der Ornamentierung inspirieren.*

3 | Organische Themen müssen nicht salopp präsen-

fältig wie das Leben auf Erden sind auch

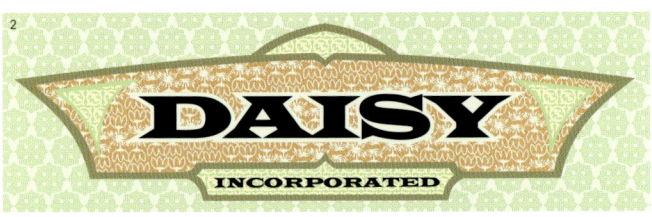

1 | Poster Paint, Myriad Tilt   2 | Wide Latin, WebOMints   3 | Requiem

tiert werden. Eine elegante Serifenschrift wird hier von zwei stilisierten grafischen Elementen umrahmt. Die symmetrische Struktur des Logos vermittelt ein Gefühl der Ausgeglichenheit, das die würdige Atmosphäre weiter betont. Das Design wirkt dadurch sehr gesetzt.

4 | Hier wurde der Schwanz des **y** herausgezogen und zu einem lockeren floralen Design geformt. Auch einer der oberen Arme wurde so verlängert und umgeformt, dass er nun den freien Platz zwischen den beiden vorhergehenden Buchstaben ausfüllt. *Könnten Sie ein oder mehrere Zeichen Ihres Logos in einen Wirbel oder eine andere Form verwandeln, um das gewünschte natürliche Thema auszudrücken?*

Schriften, die organische Themen widerspie-

4

4 | Cochin

Organische Themen können mit fast allen anderen
Sachen gekreuzt werden. Hier treffen High-Tech und
Flower Power in einem Design aufeinander, das sowohl
natürlich als auch technisch wirkt. Ärgern Sie sich nicht,
wenn Sie die Aufgabe erhalten, ein Logo zu gestalten, das
zwei oder mehr einander widersprechende Themen vermitteln soll – betrachten Sie es als eine Möglichkeit, ein
einmaliges kommunikatives Design zu entwickeln.

geln. Organisch orientierte Themen könner

durch typografische Zeichen ausgedrückt

1 | Die Überschrift dieses Posters sieht aus, als wären es Ausschnitte aus einem Tagebuch oder einer persönlichen Notiz – ihre Botschaft kommt als vertrauliche Mitteilung beim Betrachter an. Handschriften-Fonts wie diese schaffen auf einer Ebene eine Verbindung mit dem Publikum, die mit normaler Schrift schwer zu erreichen ist.

2 | Die Wirkung der handgezeichneten Schriften und Ornamente in diesem Design trägt unterschwellig, aber dennoch deutlich zum organischen Gefühl dieses Entwurfs bei.

3 | Durch die Graffiti-artige Schrift erhält das spontane und natürliche Aussehen dieses Layouts den Anschein von Gegenkultur.

werden, die aus anmutigen, miteinander

1 | Cenizas, Stanyan   2 | Olduvai, Olduvai Ornaments   3 | Ed Rogers, Franklin Caslon

Beachten Sie, dass die beiden **o**s in der Überschrift sich voneinander unterscheiden – manche Handschriften-Fonts bieten alternative Versionen von Zeichen an, damit die (scheinbare) Handschrift authentischer wirkt.

4 | Selbst wenn die Überschrift komplett in Großbuchstaben dargestellt wird, transportieren die sorgfältig geformten Zeichen Natürlichkeit. Das Fehlen von Wortabständen und die Farbwechsel im Text drücken Modernität aus, während

durch die altertümlichen Ornamente über dem Titel ein Hauch von Tradition mitschwingt.

5 | *Wie wäre es mit einem Ansatz, der die Schrift Ihres Entwurfs und das Bild eng miteinander verknüpft?*

verbundenen und intuitiv ausgeglichenen

Organische Themen lassen sich gut mit kompositorischen Strategien verbinden, die die adaptiven und spontanen Wege der Natur widerspiegeln. In diesem Design wurde die Überschrift mit der Hand geschrieben und folgt dem Blick des Modells, anstatt von links nach rechts zu laufen. Ausgerichtet an diesem regelwidrigen Titel ist der Untertitel, dessen nach rechts geneigte Kursive der Linksbewegung der Überschrift entgegenwirkt. Untersuchen Sie sowohl solche typografischen Lösungen, die den Regeln des Designs folgen, als auch solche, die der Ordnung zugunsten origineller und ausgefallener Ausdrücke widersprechen.

Formen aufgebaut sind. Diese Themen las

Century Schoolbook, handschriftlicher Text

en sich auch durch Schriften transportieren,

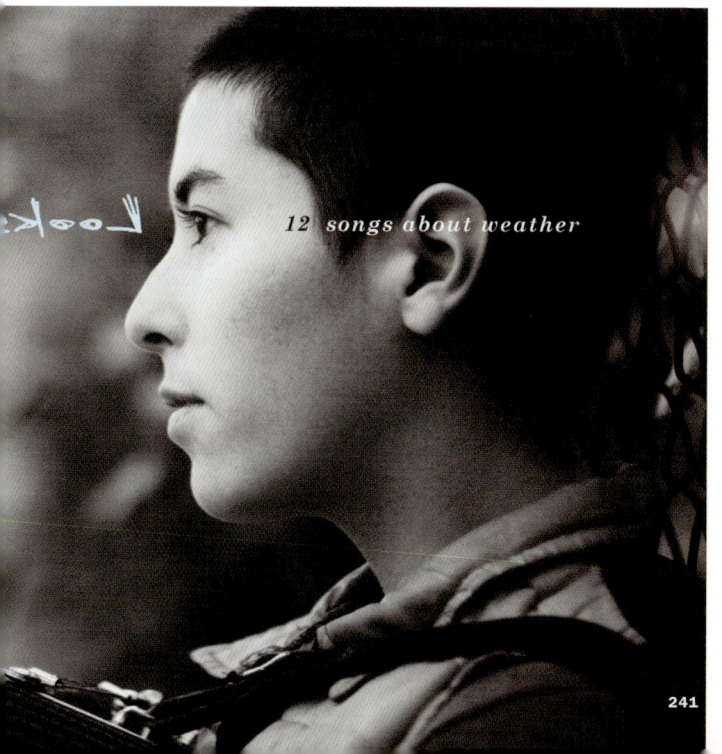

12 songs about weather

1-4 | Die vier Ankündigungen in dieser Gruppe zeigen, wie über unterschiedliche typografische und gestalterische Ansätze Natur und Organik immer stärker verkörpert werden können. Es beginnt mit einem natürlichen Layout aus einer traditionellen Schriftfamilie, die sowohl Outline- als auch Standardschriften enthält [1]. Der nächste Entwurf erscheint ein wenig hausgemachter mit seinem wie genäht aussehenden Rand (zusammengesetzt aus Textornamenten) und den zusätzlichen naturorientierten Dekorationen [2]. Das dritte Beispiel vertieft die folkloristischen Anklänge, wobei als Schrift für den Subtext jetzt eine Handschrift verwendet wird und ein locker gezeichnetes Ornament im Hintergrund

in deren Formen Pflanzen, Tiere, Insekten

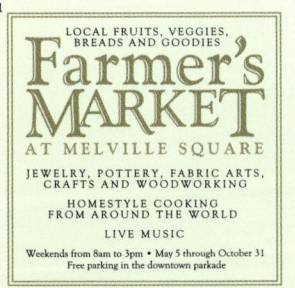

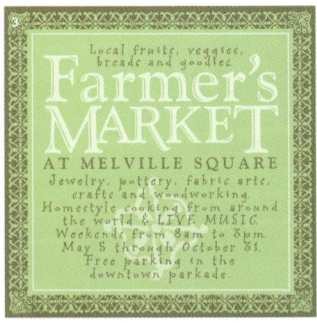

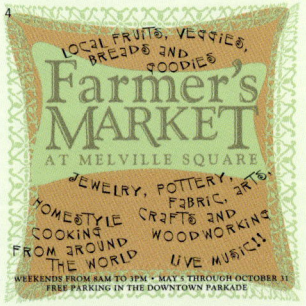

1 | Goudy   2 | Goudy, Hoefler Ornaments   3 | Goudy, Bramble, Franklin Caslon Ornaments

auftaucht [3]. Beim letzten Entwurf wurden die meisten Elemente des Layouts aus den Begrenzungen ihres kompositorischen Gitters entlassen. Der Eindruck des Organischen erreicht hier eine neue Stufe [4].

5 | Digital generierte Schrift kann durch digitale Effekte so verändert werden, dass sie handgemacht wirkt. Die Überschrift dieses Layouts wurde in Photoshop aufgeraut, damit sie an eine altmodische Druckerpresse oder einen Holzschnitt

erinnert. Auch für den Subtext wurde ein solcher Font verwendet. Diese Elemente ergeben zusammen mit der skizzierten Möhre im Hintergrund eine Ankündigung für einen nichtkommerziellen lokalen Markt.

nd Menschen anklingen. Es gibt eine Reihe

1 | Mit Designs, die handgemacht zu sein scheinen, werden meist bodenständige Leute in Verbindung gebracht. Falls Sie diese Zielgruppe anpeilen, dann erstellen Sie ein Layout, das vollständig von Hand gemacht ist (oder zumindest so aussieht). Nur sehr aufmerksame Personen (oder Experten für Schriftdesign) werden merken, dass bei dieser computergenerierten Komposition kein Bleistift oder Pinsel zum Einsatz kam.

von Schriften, deren Design am besten al...

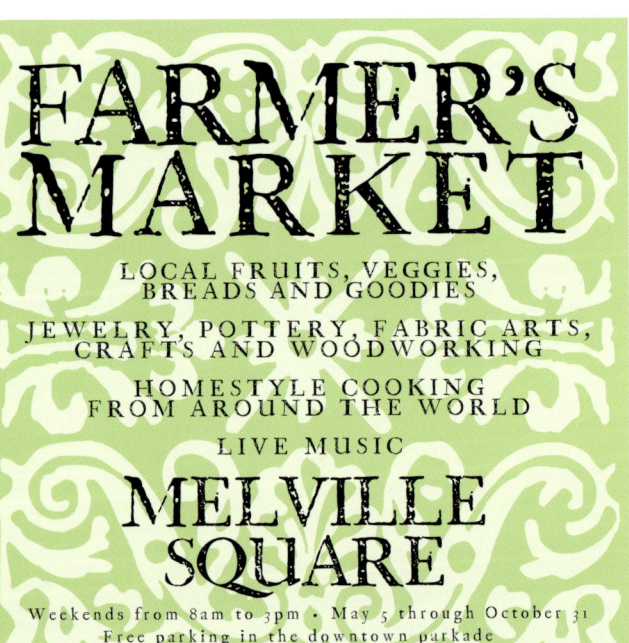

2 | *Wie wäre es, wenn Sie ein grafisches Element schaffen, das einen witzigen visuellen Rahmen für Ihren Text bildet, während es gleichzeitig das Thema für Ihre Botschaft vorgibt?* Die Schriften in diesem Layout wurden aufgrund ihrer visuellen und konzeptuellen Verbindung mit dem Stil der Illustration in dem Design ausgewählt.

nichtmechanisch oder nichtcomputergeneriert

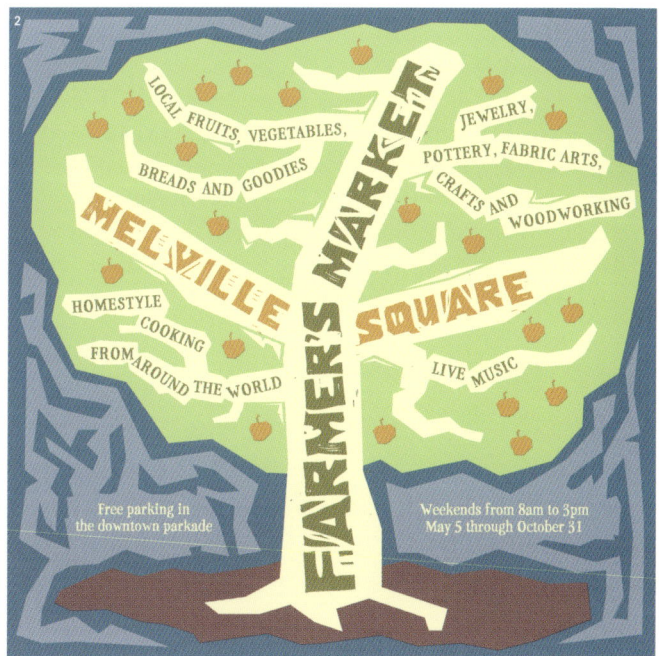

Der Plauderton dieses Textes* scheint für eine Darstellung mit Schriften, die ihren Ursprung in Handschriften haben, gut geeignet.

Der Filzstift-Stil dieser Schrift wirkt informell und spontan [1].

Die nächsten beiden Beispiele drücken sich etwas raffinierter aus und sehen aus, als wären sie von einer geschulten und künstlerischen Hand niedergelegt worden [2,3]. Das Künstlerische einiger Handschriften-Fonts

wird durch die visuelle Andeutung verstärkt, dass der Text mit einem kalligrafischen Werkzeug geschrieben wurde (beachten Sie die unterschiedlichen Zeichenstärken) [4].

beschrieben wird. Textornamente bilden ein

[1] The daily menu is posted on large blackboards, as the entrées change with every meal. There are always at least two soups, and both fresh fruit and vegetable salad bowls (meals in themselves), as well as three to four (sometimes more) entrées. Freshly baked, whole-grain bread (made down the hall, at Somadhara Bakery) is always on hand. Beer and wine, as well as bottled water and fruit juices, are

[2] served. Some desserts are sweetened with sugar, others, with honey or real maple syrup. (Moosewood is the only place in town where you can follow up an herbal soybean casserole with a rich, dense, authentically-chocolate fudge brownie.) Every Sunday evening is "ethnic night," with an entire menu—desserts included—devoted exclusively to the cuisine of one country or ethnic group.

*Aus dem Vorwort eines der berühmtesten vegetarischen Kochbücher aller Zeiten, **Moosewood Cookbook**, von Mollie Katzen.

Fonts, die auf Handschriften beruhen, gibt es in vielen Stilen. Alle sprechen eine eindeutige visuelle Sprache. Wenn Sie nach der richtigen Handschrift für einen bestimmten Text suchen und sich nur anhand des Alphabets nicht für eine Schrift entscheiden können, dann kaufen Sie auf einer Website ein, auf der Sie eine Schrift (auf dem Bildschirm) ausprobieren dürfen, bevor Sie sie erwerben. Viele Online-Shops erlauben interaktive Schrifttests.

andere typografische, naturverbundene Kategorie.

3

The daily menu is posted on large blackboards, as the entrées change with every meal. There are always at least two soups, and both fresh fruit and vegetable salad bowls (meals in themselves), as well as three to four (sometimes more) entrées. Freshly baked, whole-grain bread (made down the hall, at Domadhara

4

Bakery) is always on hand. Beer and wine, as well as bottled water and fruit juices, are served. Some desserts are sweetened with sugar, others, with honey or real maple syrup. (Moosewood is the only place in town where you can follow up an herbed soybean casserole with a rich, dense, authentically-chocolate fudge brownie.) Every Sunday evening is "ethnic night," with an entire menu—desserts included—devoted exclusively to the cuisine of one country or ethnic group.

Manche Handschriften sehen eher unkonventionell aus. Diese Schriften scheinen oft weniger mit echter Schreibkunst als vielmehr mit persönlichem Ausdruck zu tun zu haben. Sowohl die Schrift als auch das Blatt in diesem Design stammen aus der gleichen originellen Schriftfamilie.

Die Menge der informellen, improvisierten, handgemachten Schriften in der typografischen Szene scheint sprunghaft anzusteigen (vielleicht als Reaktion auf den zunehmenden Einfluss der Computer). Falls solche Schriften Sie interessieren, dann verfolgen Sie die neuesten Angebote der entsprechend spezialisierten Schrifthersteller.

Kaum eine Familie von Textornamenten leite

THE DAILY MENU IS POSTED ON LARGE BLACKBOARDS, AS THE ENTRÉES CHANGE WITH EVERY MEAL. THERE ARE ALWAYS AT LEAST TWO SOUPS, AND BOTH FRESH FRUIT AND VEGETABLE SALAD BOWLS (MEALS IN THEMSELVES), AS WELL AS THREE TO FOUR (SOMETIMES MORE) ENTRÉES. FRESHLY BAKED, WHOLE-GRAIN BREAD (MADE DOWN THE HALL, AT SOMADHARA BAKERY) IS ALWAYS ON HAND. BEER AND WINE, AS WELL AS BOTTLED WATER AND FRUIT JUICES, ARE SERVED. SOME DESSERTS ARE SWEETENED WITH SUGAR, OTHERS, WITH HONEY OR REAL MAPLE SYRUP. (MOOSEWOOD IS THE ONLY PLACE IN TOWN WHERE YOU CAN FOLLOW UP AN HERBED SOYBEAN CASSEROLE WITH A RICH, DENSE, AUTHENTICALLY-CHOCOLATE FUDGE BROWNIE.) EVERY SUNDAY EVENING IS "ETHNIC NIGHT," WITH AN ENTIRE MENU—— DESSERTS INCLUDED——DEVOTED EXCLUSIVELY TO THE CUISINE OF ONE COUNTRY OR ETHNIC GROUP.

2 | Schriften, die kaum eine oder gar keine Verbindung zu einem handgemachten oder organischen Erbe haben, können dennoch mit einem Gefühl von Natürlichkeit präsentiert werden – manchmal reicht schon die richtige Palette erdiger Farben für diesen Eindruck.

3 | *Könnte Ihre Schrift mehr als den einen thematischen Schub durch die erdige Farbpalette gebrauchen?* Schmücken Sie in die-sem Fall Ihren Absatz mit einer Initiale oder Hintergrundelementen (oder beidem, wie hier gezeigt) aus, die Ihrem Design ein zusätzliches Naturgefühl verleihen.

ihre Bilder und Dekorationen nicht von orga-

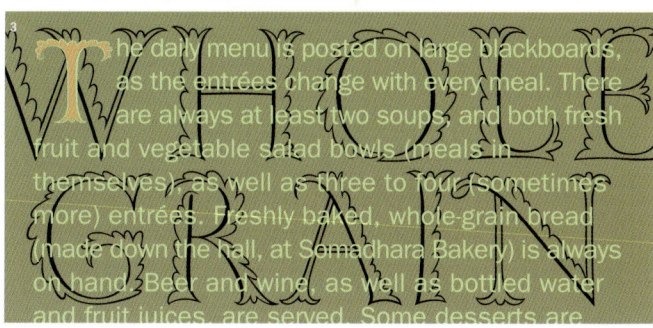

1 | Eleganz trifft Erdigkeit in diesem Design. Eine edle Schreibschrift vermittelt die textuelle Botschaft des Layouts, während die Kreidezeichnung einer Birne als themenbestimmende Überschrift für die Komposition dient.

Angesichts der engen räumlichen Verknüpfung des Textes mit dem Bild hätten auch andere Schriften verwendet werden können, ohne das organische Gefühl dieser Präsentation zu beeinträchtigen. Geschmackvolle Serifenschriften (kursiv oder normal), dünne Grotesk-Schriften oder informelle Handschriften könnten ebenfalls in Betracht gezogen werden.

nischen Formen ab. Der Einfluss der Natur au

1

The daily menu is posted on large blackboards, as the entrées change with every meal. There are always at least two soups, and both fresh fruit and vegetable salad bowls (meals in themselves), as well as three to four (sometimes more) entrées. Freshly baked, whole-grain bread (made down the hall, at Somadhara Bakery) is always on hand. Beer and wine, as well as bottled water and fruit juices, are served. Some desserts are sweetened with sugar, others, with honey or real maple syrup. (Moosewood is the only place in town where you can follow up an herbed soybean casserole with a rich, dense, authentically-chocolate fudge brownie.) Every Sunday evening is "ethnic night," with an entire menu – desserts included – devoted exclusively to the cuisine of one country or ethnic group.

2 | Schrift und Illustration bilden hier eine Einheit. Eine Serifenschrift soll die Spontaneität der Illustration ergänzen. Die Schrift wurde leicht gewölbt (mit dem Photoshop-Filter WÖLBEN), um ihre Verbindung zur Form der Birne zu betonen. Außerdem wurde ein dunkler Schein um die Schrift herum erzeugt (mit dem Photoshop-Befehl SCHEIN NACH AUSSEN), um sie von der Oberfläche der Birne abzuheben.

das Design von Buchstaben und Bildern ist seit den

2

Versetzen Sie Ihre organischen Designs mit Attributen der natürlichen Welt.

sogar noch weiter auflockern und eine witzige Schrift für den Titel einsetzen.

hier gezeigte Muster entstand mit einer bildorientierten Schriftfamilie.)

1,2 | Natur ist informell. Erzeugen Sie eine lockere Umgebung für Ihre formellen Schriften. Sie könnten die Struktur der Komposition

3 | Natur bedeutet (oft) offene Räume. Raum, der es erlaubt, themenbestimmende Bilder und/oder Muster zu benutzen. (Das

4 | *Natur ist ohne Grenzen. Wie wäre es, wenn Sie es einem grafischen Element erlaubten, in das Gebiet Ihrer Schrift einzudringen?*

Tagen der illuminierten Handschriften zu spüren und hält auch im heutigen Zeitalter der gedruckten und elektronischen Medien an. Warum auch nicht? Unsere Auffassung von visueller Anmut und ästhetischer Harmoni

This compact, colorful and graceful flyer is also a fish's worst nightmare.

the
Belted Kingfisher

Abc def ghijk lm nop qr stuv wxy zabc defgh ij klmno pqrst uv w xy zab cd efg h ijk lm no pqr st uvw xy zabcd ef gh ijk lm nop qr st uv wxy zabc d ef gh ij klmno pqrst uv w w xy zab cd efghijk lm n op qrs.

3

---

hat ihren Ursprung in der natürlichen Welt.

4

the BELTED KINGFISHER

This compact, colorful and graceful flyer is also a fish's worst nightmare.

Schriften in diesem Kapitel:

Für jede Schriftfamilie wird ein Vertreter gezeigt.

SERIFENSCHRIFTEN

Bodoni Antiqua

Caslon Antique

Century Schoolbook

Cochin

ENGRAVERS MT

Goudy

Hoefler

Requiem

Wide Latin

GROTESK-SCHRIFTEN

Franklin Gothic

Frutiger

Futura

Gill Sans

Helvetica

Impact

Knockout

SCHREIBSCHRIFTEN UND KALLIGRAFISCHE SCHRIFTEN

Bramble

Cenizas

Dearest

ED ROGERS

Edwardian Script

Felt Tip

Freestyle Script

Kuenstler Script

Klang

Luce

Lucida Handwriting

Ministry Script

Mr. Leopolde

Mr. Sheppards

DISPLAY-SCHRIFTEN

Bionika

CRITTER

Franklin Caslon

Infestia

Kamaro

Myriad Tilt

Olduvai

Papyrus

POSTER PAINT

SNIPLASH

Stanyan

WOODCUT SANS

ORNAMENT-FONTS
Ballywick
Cloister Initials
Constructivist Extras
Delectables
Ed Rogers Ornaments
Franklin Caslon Ornaments
Gill Floriated Capitals
Hoefler Ornaments
Insectile
Olduvai Ornaments
WebOMints
Woodcut Extras

Des Pudels Kern

Große Schriftfamilien* können sowohl sehr sinnvoll als auch sehr teuer sein. Die gute Nachricht für Designer (die ihre Schriften selbst bezahlen) lautet, dass man eine effektive Schriftbibliothek aufbauen kann, indem man sich einen Grundstock von zwei bis vier dieser vielseitigen Sätze zulegt und ihn durch weniger teure Schriften ergänzt, die speziellen Aufgaben dienen.

Den Kern des persönlichen Schriftarchivs vieler Designer bilden zumindest einige große Serifenschriftfamilien. Diese eignen sich für fast alles, von fetten Überschriften über schlanke kursive Untertitel bis hin zu leserlichem Fließtext. Wenn Sie eine solche Schriftfamilie besitzen und eine weitere erwerben wollen, dann suchen Sie nach einer Schrift, die sich deutlich von Ihrer unterscheidet, aber genauso funktional ist. Die beiden oberen Schriften auf der nächsten Seite sind ein gutes Beispiel für einander ergänzende Paare von Serifenschriftfamilien. Ein solches Duo besetzt eine Vielzahl von kompositorischen und kommunikativen Rollen.

Auch eine oder zwei vielseitige und variantenreiche Grotesk-Schriftfamilien werden von vielen Designprofis als Notwendigkeit erachtet. Zeichen aus einer solchen Sammlung werden auf der folgenden Seite eingesetzt.

Designer mit einem mehr oder weniger typischen Kundenstamm stellen oft fest, dass die effektivsten Schriften ihrer Sammlung einen eher traditionellen Stil und eine relativ neutrale visuelle Persönlichkeit verkörpern. Meist haben diese Schriften eine längere Verfallszeit als neumodische Designs und eignen sich gut als Unterstützung von ausdrucksstärkeren und auffälligeren Schriften. Idealerweise können die Schriften in der Kernsammlung

*Große Schriftfamilien enthalten oft mehr als ein Dutzend Varianten einer Schrift (siehe die Beispiele auf der nächsten Seite). Dazu gehören meist alle Stärken, kursive (oder geneigte) Versionen in allen Stärken sowie Textornamente, die das Design der Schrift widerspiegeln.

eines Designers für einen breiten Bereich kompositorischer und thematischer Anforderungen benutzt werden. Dennoch müssen fast alle Designer ihre Bibliothek dergestalt ergänzen, dass sie mit Schriften aufwarten können, die das volle kreative Spektrum ihrer Arbeit abdecken. Diese speziellen Schriften eignen sich für alles vom Logoentwurf bis zur Schaffung ausdrucksvoller Überschriften, von eigenen Wortgrafiken bis zu faszinierenden Textpräsentationen.

Am effektivsten ist die Schriftbibliothek, wenn sie mit Schriften gefüllt ist, die den kreativen Stil des Künstlers widerspiegeln, während sie gleichzeitig ausreichende Ausdrucksmöglichkeiten für die Arbeit mit Kunden bietet.

Hoefler Text

Aa *Aa Aa*

Roman, roman italic,
roman swash

Aa *Aa Aa*

Roman small caps, italic
small caps, swash small caps

Aa *Aa Aa*

Bold, bold italic,
bold swash

Aa *Aa Aa*

Bold small caps, bold italic small
caps, bold swash small caps

Aa *Aa Aa*

Black, black italic,
black swash

Aa *Aa Aa*

Black small caps, black italic small
caps, black swash small caps

A A

Engraved,
Engraved two

Ornaments and fleurons

Bodoni

Aa *Aa*

Light,
light italic

Aa *Aa*

Regular,
regular italic

Aa *Aa*

Medium and
medium italic

Aa

Bold

Aa

Extra
Bold

Aa

Ultra
Bold

Aa

Poster
compressed

Franklin Gothic

Aa *Aa*

Book,
book italic

Aa Aa

Medium,
medium italic

Aa Aa

Demi,
demi italic

Aa Aa

Heavy,
Heavy italic

Aa *Aa*

Book condensed,
book cond. italic

Aa Aa

Medium condensed,
medium cond. italic

Aa Aa

Demi condensed,
demi cond. italic

Aa *Aa*

Book compressed,
book comp. italic

Aa Aa

Demi compressed,
demi comp. italic

Aa Aa

Book extra-compressed,
Demi extra-compressed

Bestimmte Epochen

Hier geht es darum, wie **bestimmte Epochen, soziale und künstlerische Bewegungen** und **Kitsch** durch Schrift und die sie begleitenden kompositorischen Elemente ausgedrückt werden können.

1 | Dieser Buchstabe beruht auf Formen, die in den Jahrhunderten vor den ersten handgeschnittenen Schriften der Gutenberg-Presse gezeichnet wurden. Meist akzeptieren die Betrachter historische Anklänge, wobei es egal ist, ob eine kalligrafieartige Schrift mit Feder, Meißel, Zeichenstift oder Computer erzeugt wurde.

2–4 | Die dicken und dünnen Striche der Serifenschriften stammen direkt von den kalligrafischen und geschnittenen Buchstabenformen früherer Epochen. Für moderne Augen wirken manche Serifenschriften altmodisch – Tradition und Geschichte können durch ausgeprägte Serifen und organische Kurven [2], ein

Im Verhältnis zur Weltgeschichte gibt es gedruck-

1

1 | Duc De Berry   2 | Charlemagne   3 | Caslon Antique   4 | Castellar

verwittertes Äußeres [3] und einen anscheinend gemeißelten Ursprung [4] betont werden.

5–9 | Denkwürdige Epochen sind oft mit Schriften verbunden, die aus dem künstlerischen und kultu-rellen Temperament dieser Zeiten erwachsen. Wenn Sie an einem Projekt arbeiten, das nach Anklägen an eine bestimmte Ära verlangt, dann sollten Sie das Wesen dieser Zeit durch Schriften verstärken, die ihren Geist verkörpern.

10 | Manche Epochen müssen erst noch kommen. Futuristische Themen kann man über Schriften vermitteln, die unserer momentanen Vorstellung von den Trends von morgen entsprechen.

te Schriften noch nicht sehr lange. Erst nachdem

1 | Hier wurde ein alter-
tümliches Zeichen als
Unternehmensicon verwen-
det. Das Logo wirkt dadurch
glaubwürdig – was durch
die moderne (aber dennoch
traditionelle) Schrift des
Firmennamens ergänzt wird.

2 | Hier wurde der Name
des Unternehmens mit
der altertümlichen Schrift
des vorherigen Logos aus-
geschrieben. Das Icon in
diesem Entwurf wurde mit
einem modernen Zeichen
erstellt. Kombinationen
aus alten und modernen

Schriften wirken epochen-
überspannend.
SIEHE SCHRIFTEN KOMBINIEREN,
SEITE 212.

3 | *Sie wollen die Atmosphäre
einer bestimmten Zeit durch
ein Logo transportieren?*
Konstruieren Sie Ihr Design

Gutenberg im 15. Jahrhundert die Druckerpresse

1 | Fette Fraktur, Requiem, Requiem Ornaments   2 | Fette Fraktur, Aviner   3 | Kismet   4,5 | Futura

– das Icon usw. – aus einer einzigen Schrift, die den Geist dieser Ära verkörpert.

4,5 | Anklänge an den Beginn des wissenschaftlichen Zeitalters lassen sich durch pseudotechnische Effekte wie einfache 3D-Strukturen und Schlagschatten ausdrücken. Wenden Sie diese Effekte auf einzelne Buchstaben, Logos oder Überschriften an.

6 | Der Buchstabe **m** aus dieser futuristischen Schrift ergibt ein dramatisches und faszinierendes Icon für ein modernistisches Logo. Die Schrift aus diesem Design wurde in den 60er Jahren geschaffen. Ein halbes Jahrhundert später wirkt sie immer noch modern – allerdings nicht ohne einen kitschigen Beigeschmack.

rfunden hatte, entstand Bedarf an standardi-

6

mactech

Die Geschichte hat die Schaffung zahlloser verblüffender Buchstabendesigns erlebt, die nicht zu einer bestimmten Schriftfamilie gehören. Diese Zeichen eignen sich besonders als themenbestimmende Initialen oder dekorative Hintergrundelemente für Layouts. Suchen Sie nach gedruckten und online verfügbaren Quellen für solche urheberrechtsfreien Zeichen.

sierten   wiederverwendbaren   Zeichensätzen

Alle Beispiele: eigene Buchstaben

Seither wächst und verändert sich die Typografie

1 | Historisch inspirierte Fonts eignen sich sehr gut für Monogramme. Designs aus mehreren Zeichen gibt es seit den frühesten Zeiten der Typografie.

2 | Diese Komposition setzt durch ihre altmodische gra-fische Form implizit eine reichhaltige historische Abkunft voraus. Bestimmte Schriften werden mit bestimmten Epochen assoziiert, und genau dies trifft auch auf bestimmte Arten von grafischen Strukturen zu.

3 | Bewährte Designmotive üben eine große Anziehungskraft aus. Ein solcher Entwurf könnte sich für einen moder-nen Musikvermarkter ebenso eignen wie für eine jahrhundertealte Porzellanmanufaktur.

stetig – es ist ein evolutionärer Prozess, der

4 | Manchmal sollen Designer ein Logo für eine Firma schaffen, deren Initialen sich für ein faszinierendes kompositorisches Arrangement anbieten. Hier wurde ein vollkommen symmetrisches Monogramm aus den Buchstaben **W** und **M** geschaffen.

5 | *Wie wäre es, wenn Sie mehrere Schriften aus einer einzigen Ära in einem Monogramm einsetzten, das die Stimmung dieser speziellen Ära wiedergibt?*

6,7 | *Warum mischen Sie nicht das Alte und das Neue? Füllen oder schmücken Sie doch eimal zeitgenössische Buchstabenformen mit ornamentalen Dekorationen aus der Vergangenheit.*

immer mit dem vorherrschenden technischen

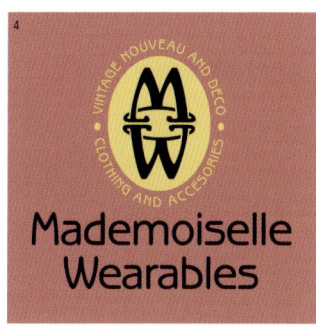

Erkunden Sie verschiedene typografische Optionen, wenn Sie Initialen mit den Wörtern untersetzen, für die sie stehen.

1 | *Wie wäre es, wenn Sie den Firmennamen in der gleichen Schrift schreiben wie sein Monogramm?* Die Verwendung einer einzigen Schrift stärkt die thematischen und stilistischen Projektionen, die die Typografie eines Designs vermittelt. Manchmal ist das gut, manchmal aber auch zu viel des Guten.

2 | Die Persönlichkeit dieses Logos wurde durch den Einsatz unterschiedlicher Fonts ausgeweitet. Die Schriften harmonieren, da sie visuell verschieden, aber thematisch verbunden sind (beide strahlen Anstand und Tradition aus).

Wissen und dem künstlerischen und kulturellen

Duc De Berry (auch in allen Monogrammen auf der nächsten Seite)

3 | Auch hier finden Sie zwei unterschiedliche Schriften – beide von traditioneller Eleganz – in einem Logoentwurf. Die zierlichen Linien und das dramatische schwarze Feld, die die Schrift dieser Komposition einrahmen,

sorgen für einen Ausdruck von Kultiviertheit.

4 | Die Struktur dieses Logos erlaubt eine sorgfältige Trennung der beiden sehr unterschiedlichen – und potenziell widersprüchlichen – Schriftstile.

Diese Paarung aus progressiver und altmodischer Schrift lässt zahlreiche Deutungen zu: vorwärtsstrebende Modernität, traditionelle Glaubwürdigkeit und Qualität sowie künstlerisches Flair.

Temperament der jeweiligen Zeit verknüpft ist.

1 | Duc De Berry   2 | Hoefler   3 | Caslon Open Face   4 | Formata

1 | Oft spiegeln Schriften aus einer bestimmten Ära kulturelle Stile und Stimmungen wider, die während dieser Zeit vorherrschend waren. Verwenden Sie für Wortgrafiken Schriften, deren visuelle Persönlichkeit den Ton und die Bedeutung Ihres Textes unterstreichen.

2 | Die Botschaft dieses erfundenen Wortes wird durch eine Schrift verstärkt, die es in einen besonderen kulturellen und zeitlichen Kontext setzt. Testen Sie Schriften, die die Botschaft Ihrer Wortgrafik mit einer entsprechenden Stimme vermitteln. Mit zeitgemäßen Schriften können Sie humoristische, sarkastische, verspielte,

Heutzutage können Schriften, deren Formen die

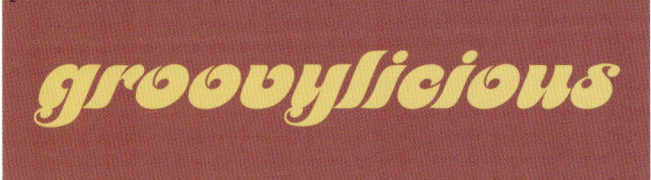

1 | Manhattan   2 | Motter Femina   3 | Fette Fraktur

originelle oder kitschige Untertöne in den Text bringen.

3 | Zeitgenössische Anzeigen, Aufkleber und T-Shirts dienen oft als Schauplätze für fröhliche Stilmixe. Hier bekommt

eine moderne Phrase durch die Darstellung in einer altmodischen Schrift einen Hauch von Endgültigkeit.

4–9 | Man kann die Persönlichkeit einiger Wörter durch Schriften

beeinflussen, die sie in unterschiedliche zeitliche Kontexte setzen. Suchen Sie Ideen und Anregungen, indem Sie sich Beispiele für Typografie und Design aus der Zeit anschauen, die Sie zum Leben erwecken wollen.

Atmosphäre lange vergangener Zeiten ausstrah-

4 | Duc De Berry   5 | Pepperwood   6 | Rennie Mackintosh   7 | Brush Script   8 | Lazybones   9 | Amelia   **271**

Gibt es eine kulturelle Bewegung aus der Vergangenheit, deren grafische Trends man anzapfen kann, um die Bedeutung und visuelle Präsentation Ihrer Wörter zu verbessern (ob zu Zwecken der historischen Genauigkeit oder des Kitsches)? Diese Grafik wurde komplett aus Buchstaben und Ornamenten aus einer Schriftfamilie aufgebaut, die von der Kunst von Grafikern aus der frühen Sowjetära beeinflusst wurde.

len (ob historisch oder nicht), eingesetzt werden,

Constructivist, Constructivist Extras

um die Stimmung und den Ausdruck früherer

1–6 | Was sagen die einzelnen Logos über die Art des Tanzes aus, der in diesem Studio gelehrt wird? Die Aufgabe dieser Seiten ist einfach: Sie sollen die Wirkung demonstrieren, die äraspezifische Schriften auf die Wirkung und den Kontext eines Logos haben.

Wenn Sie ein Logo schaffen, dann fragen Sie sich selbst, ob *dieses Unternehmen wirkungsvoll durch eine Schrift aus einer bestimmten Epoche repräsentiert werden könnte. Wo kann ich in diesem Fall eine Auswahl entsprechender Schriften finden?* (Wie Sie sich denken können, ist das Web ein guter Ausgangspunkt für eine solche Suche.)

Zeiten wiederzugeben. Beispiele dafür finden

1 | Edwardian Script, Castellar   2 | Rennie Mackintosh   3 | Arnold Boecklin, Desdemona   4 | Jazz

Sie in Design und Werbung. Mit Schriften

1,2 | Wenn Sie für eine Firma arbeiten, deren Wurzeln in den handwerklichen Traditionen vergangener Zeiten liegen, dann setzen Sie Schriften ein, deren Charakter ebenfalls auf diese bewährten Standards verweist.

Für den Violinschlüssel, der als Icon in diesem Design dient, erfolgten Änderungen an einem großen **S** (aus der gleichen Schrift wie für das Logo [2]). Ein Detail aus einem **L** gab diesem Symbol den letzten Schliff. Das so ent-

standene Icon passt gut zur Schrift des Logos.

3–6 | Stellen Sie sich vor, Trillium wäre ein Unternehmen, das Saiteninstrumente herstellt – von traditionell bis ausgefallen. Und nun sucht

kann man an Epochen erinnern, die älter sind

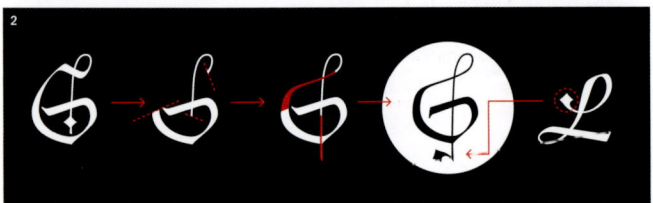

dieses Unternehmen nach einem geschlossenen und beschreibenden Satz von Logos, um seine Jahrhunderte umfassende Produktlinie zu repräsentieren. Mit Schriften aus bestimmten Epochen könnte man diese Herausforderung meistern.

Mit Hilfe einer künstlerischen (aber zeitunabhängigen) Schrift wurde ein Unternehmenslogo geschaffen [3]. Eine Verkörperung der verschiedenen Epochen erhält man durch ein Feld zwischen dem Firmennamen

und dem Untertitel des Logos. Eine weitere thematische Verstärkung könnte über grafische Zusätze wie den Hintergrund im letzten Beispiel erreicht werden.

als die Typografie selbst. Viele Schriften spie-

3

4

5

6

1 | Verwenden Sie altertümliche Schriften, Ornamente und Illustrationen, um einen Firmennamen mit seinem historischen Erbe (ob echt oder vorgespielt) zu verbinden. Hier werden zwei elegante Schriften aufwändig von einem ornamentalen Rand aus dem 19. Jahrhundert umrahmt.

2 | *Wie wäre es mit einem altertümlichen Bild als Mittelstück Ihres Logos? Die Schrift, die diese Illustration umkreist, hat eine doppelte Bedeutung:* Modernität (durch ihre zeitgenössische serifenlose Struktur) und Tradition (durch ihr Outline-Design). Eine Schreibschrift verleiht der Komposition einen Hauch von Vielfalt und Eleganz.

geln handgezeichnete, kalligrafische und in

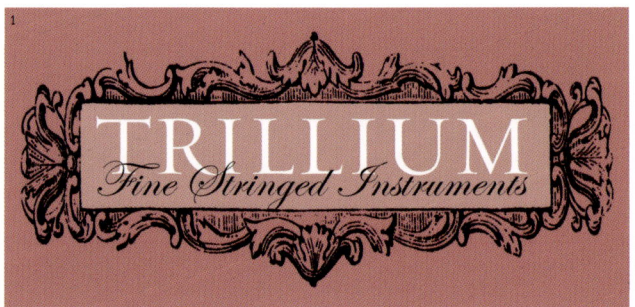

1 | Requiem, Edwardian Script   2 | Industria, Bodoni Antiqua, Edwardian Script   3 | Patriot, Edwardian Script

3 | Dieses Logo nutzt uralte Ideen mit einem modernen Dreh: Seine primäre Schrift enthält eine Reihe von Details, die alten Schriften entnommen wurden (beachten Sie die altertümlichen **T**s sowie die feinen Erweiterungen an den **L**s, **E**s und dem **F**), der historisch inspirierte Lorbeerkranz wurde in einem zeitgenössischen Stil gezeichnet und als letzter Schnörkel wurde eine moderne und trotzdem traditionelle Script-Initiale hinzugefügt.

4 | Mit dekorativen Schriftrollen kann man Textelemente trennen, ein Design einrahmen und ein Thema traditioneller Eleganz etablieren.

Stein geschnittene Buchstabenformen aus

4

1,2 | Diese beiden einfachen Posterlayouts werfen genau die Fragen auf, die Designer sich selbst stellen, wenn sie Möglichkeiten untersuchen, Nostalgie zu vermitteln. Fragen wie, *Wie viel Nostalgie ist genug? Wie viel Nostalgie ist zu viel? Wo ist die Grenze zwischen Nostalgie und Schmalz? Sollen alle Schriften in dem Entwurf aussehen wie von vorgestern? Sollte man neutrale Schriften mit altertümlichen Schriften und/oder Bildern kombinieren? Würde eine* Mischung aus progressiven und traditionellen Schriften ein Aussehen erzeugen, das die Botschaft des Designs ergänzt? Was ist mit dekorativen Elementen und Farben – sollten sie altmodisch, zeitgenössisch oder zeitlos sein?

der Zeit vor der Erfindung der beweglichen

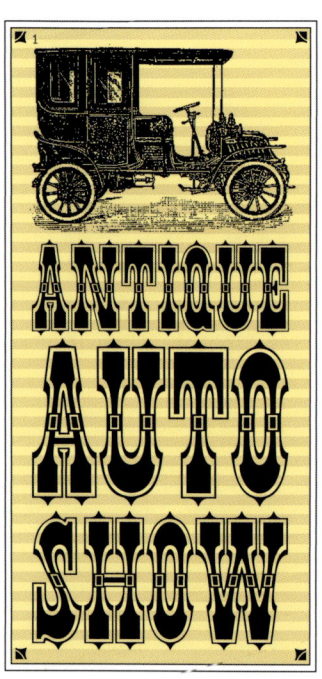

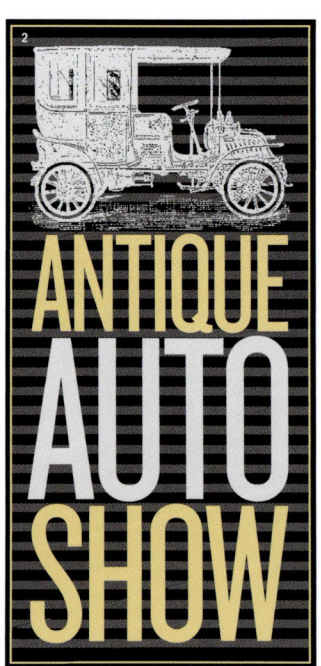

1 | Pepperwood   2 | Knockout

3–6 | Wägen Sie Ihre konzeptuellen Optionen ab, wenn Sie für einen bestimmten Zeitraum entwerfen. Testen Sie Lösungen, deren Schriften, Bilder und Farben wirken, als wären sie der gleichen Epoche entsprungen **[3]**. Kombinieren Sie eine zeitgenössische Schrift mit einem altertümlichen Bild, um das Gefühl von Gegenkultur zu schaffen **[4]**. *Was halten Sie von einem futuristischen Aussehen durch digitale Effekte für das Bild und computerinspirierte Schriften* **[5]**? Testen Sie Ideen mit grafischen Elementen, Bildern und Schriften aus unterschiedlichen Zeiträumen (wer sagt, dass ein Design unbedingt logisch aufgebaut sein muss, um auffällig und kommunikativ zu sein **[6]**)?

Lettern wider. Es gibt viele Schriften, die sowohl

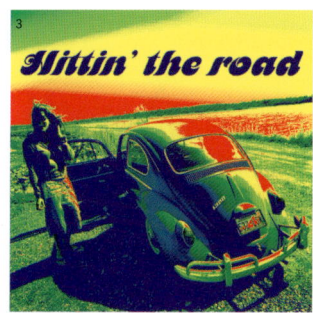

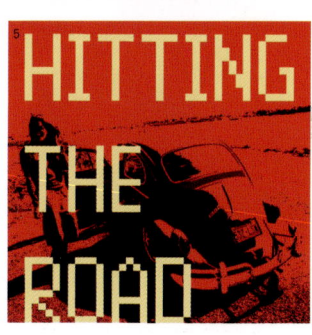

historische als auch moderne Bedeutungen

Designer sind nicht die
einzigen, die gelegent-
lich Schriften aus einer
Ära nehmen und in eine
Konstellation aus einer
anderen Ära setzen.
Manchmal machen Natur
und Zeit es selbst.

transportieren. Für solche Schriften werden oft

1,2 Es gibt kaum eine Ära, die visuell nicht durch Typografie ausgedrückt werden kann. Vergleichen Sie diese beiden Posterdesigns. Das erste verwendet Schrift, die tatsächlich aus der Epoche stammt, die sie repräsentiert, das zweite benutzt eine moderne Schrift/Bildersammlung, die ein kitschiges Wildwestgefühl aufkommen lässt. Erkunden Sie die Möglichkeiten, wenn Sie eine zeitgemäße Schrift für Ihren Entwurf auswählen: Nehmen Sie Schriften, die authentische Vertreter ihrer Zeit sind, sowie Schriften, die einen eigenwilligen, lustigen oder sarkastischen thematischen Dreh bewirken.

3 Lange vor der Ära der Druckerpresse und

moderne Formen mit Ornamenten, Zusätzen oder

1 | Pepperwood, BlackOak, Rosewood   2 | Way Out West, Way Out West Critters

der beweglichen Lettern wurden Ankündigungen und Proklamationen mit Pinseln gezeichnet oder mit Metallwerkzeugen geschnitzt. Das Aussehen der Schriften in diesem Design basiert auf gemeißelten Buchstabenformen, die Jahrhunderte vor der Gutenberg-Ära in Verwendung waren. Diese Schrift eignet sich für ein Poster, das eine Veranstaltungsreihe ankündigt, in der es um die frühen Tagen der westlichen Literatur geht.

4 | *Wie wäre es, wenn Sie das Aussehen Ihres Designs in der Zeit zurückversetzen, indem Sie mit Photoshop einen 3D-Effekt und eine Textur einfügen? (Übertreiben Sie es aber nicht mit der digitalen Zauberei!)*

Füllungen verziert, die an altertümliche Alphabete

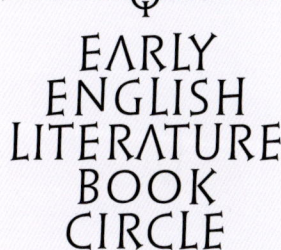

1 | Die Herkunft der primären Schrift dieses Designs ist in der Pariser Szene um 1900 zu suchen – ihre extrovertierte visuelle Persönlichkeit strahlt immer noch einen gewissen Arthouse-Chic aus. Das zarte (und rele-vante) Bild im Hintergrund dient kompositorischen und konzeptuellen Zwecken, da es die Überschrift und den Text visuell verbindet, während es den geografischen Kontext des Designs unterstreicht.

2 | Jugendstil durch und durch. Farben, Schriften und Randelemente schaf-fen gemeinsam ein dieser Epoche entsprechendes Layout.

Für die Wörter **Literary Club** sowie den gesamten unterstützenden Text wurde

erinnern. Aufgrund der schieren Masse der

1 | Kismet, Benguiat Gothic   2 | Kismet, Arnold Boecklin, Benguiat Gothic

eine relativ moderne Schrift (Benguiat Gothic) verwendet. Sie entstand in den 1970er Jahren und beruht auf Schriften aus der Blütezeit des Jugendstils. Sie ist besser lesbar als die meisten Jugendstil-Schriften und eignet sich gut als Übermittler wichtiger Textinformationen im Kontext dieses nostalgischen Designs.

3,4 | Testen Sie sowohl Lösungen, die genug freien Raum um Ihre Typografie lassen, als auch solche, die das gesamte Design mit Text füllen. *Hält sich ein Ansatz mehr an die künstlerischen Normen der angepeilten Ära oder arbeiten Sie mit einer Epoche, die in Bezug auf kompositorische Vorgaben größeren Spielraum gewährt?*

vorhandenen Schriften und ihrer umfassenden

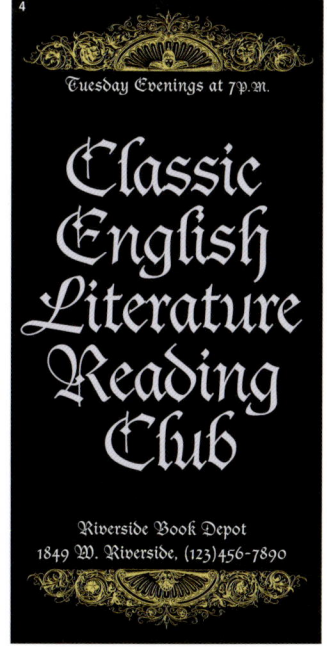

1 | Nur die Zeit kann sagen, welche Schriften bleiben werden, nachdem die erste Begeisterung über ihre Einführung abgeklungen ist. Die Zeit scheint sich für die innovativen typografischen und gestalterischen Stile entschieden zu haben, die aus der sozialen/politischen/künstlerischen Umgebung Osteuropas des frühen 20. Jahrhunderts erwachsen sind. Designer greifen regelmäßig auf Schriften und Designkonventionen dieser Ära zurück, wenn der visuelle Ausdruck von Aktivismus und Revolution gesucht wird.

Ausdrucksmöglichkeiten kann dieses Kapitel nur

2 | Künftige Epochen scheinen in Bezug auf typografische, kompositorische und konzeptuelle Parameter die größte Freiheit zu gewähren (schließlich konnte sich für diese Zeiten noch keine Tradition entwickeln).

Futuristische und altertümliche Schriften wurden in diesem fortschrittlichen Design kombiniert – direkt übereinander. Dieser typografische/kompositorische Ansatz scheint passend, da damit eine Reihe von Literaturveranstaltungen

mit Cyber-Themen angekündigt werden sollen, die vor einem Hintergrund stattfinden, der aus der Zeit von König Artus stammt.

an der Oberfläche kratzen. Falls Sie sich von der

Welcher Text eignet sich besser als Beispiel für dieses epochenübergreifende Kapitel als ein 2000 Jahre alter Kommentar über das menschliche Befinden*, der klingt, als wäre er gerade gestern entstanden?

Bestimmte Zeiträume werden mit gewissen menschlichen Qualitäten assoziiert: Weisheit, Spiritualität, Kreativität, Erfindungsgeist, Aggression, Launen. Mit entsprechenden Schriften kann man diese Epochen ausdrücken.

1 | Dieser Text wurde ursprünglich mit Pinsel und Tusche geschrieben – Jahrhunderte vor handgeschnitzten Schriften auf den ersten Druckerpressen. Eine Pseudopinselschrift ist eine vernünftige Wahl, um einem heutigen Leser die Botschaft

Typografie einer bestimmten Zeit angezogen fühlen

1

I cannot tell if what the world considers "happiness" is happiness or not. All I know is that when I consider the way they go about attaining it, I see them carried away headlong, grim and obsessed, in the general onrush of the human herd, unable to stop themselves or to change their direction. All the while they claim to be just on the point of attaining happiness.

My opinion is that you never find happiness until you stop looking for it. My greatest happiness consists precisely in doing nothing whatever that is calculated to obtain happiness: and this, in the mind of most people, is the worst possible course.

*Der Text in diesem Abschnitt stammt aus **The Way of Chuang Tzu** von Thomas Merton.

mit dem Rückschluss auf ihre Herkunft zu vermitteln.

2 | Alte Fonts enthalten oft verschiedene (dennoch erkennbare) Versionen heutiger alphabetischer Zeichen. Manche modernen Schriften greifen auf diese antiken Anklänge in Form von Buchstabendesigns zurück. Wenn Sie eine angebliche (oder authentische) altertümliche Schrift verwenden, achten Sie auf die Leserlichkeit: Diese darf zwar beeinträchtigt, aber niemals verletzt werden.

3 | Kalligrafische Schriften sind die erste Wahl, wenn Sie einem Text einen Hauch von Authentizität, Autorität oder Weisheit verleihen wollen.

oder mehr über die Geschichte von Buchstaben

2

I CANN⊕+ +ELL IF WHA+ "HAPPINESS" IS HAPPINESS IS +HA+ WHEN I C⊕NSIDE AB⊕U+ A++AINING I+, I HEADL⊕NG, GRIM AND ⊕B ⊕NRUSH ⊕F +HE HUMAN +HEMSELVES ⊕R +⊕ CHAN +HE WHILE +HEY CLAIM ⊕F A++AINING HAPPINE

MY ⊕PINI⊕N IS +HA+ HAPPINESS UN+IL Y⊕U S+ GREA+ES+ HAPPINESS C⊕ N⊕+HING WHA+EVER +HA HAPPINESS: AND +HIS, IN M⊕S+ PE⊕PLE, IS +HE W⊕

3

the world considers s or not. All I know is r the way they go about see them carried away sessed, in the general herd, unable to stop nge their direction. All to be just on the point ss.

you never find op looking for it. My nsists precisely in doing at is calculated to obtain the mind of rst possible course.

1 | Erzeugen Sie doch einmal eine grafische Umgebung, die Ihren epochenbasierten Text begleitet und einrahmt. Hinweis: Die Jugendstil-Schrift in diesem Beispiel ist eine Display-Schrift (eine Schrift, die vorwiegend für Überschriften und kurze Texte verwendet wird). Im Allgemeinen ist es in der Typografie nicht üblich, eine Display-Schrift für Text zu benutzen. Falls aber eine bestimmte Display-Schrift gut leserlich ist und durch ihre Ausstrahlung das Thema Ihres Designs unterstützt, dann ... wieso nicht?

2 | *Was halten Sie davon, statt eine übermäßig epochengebundene Schrift zu verwenden, die Ära für Ihre Worte über ein Initial festzulegen? Dieser*

und Schrift erfahren wollen, dann schauen Sie

1

I CANNOT TELL IF WHAT THE WORLD CONSIDERS "HAPPINESS"
IS HAPPINESS OR NOT. ALL I KNOW IS THAT WHEN I CONSIDER
THE WAY THEY GO ABOUT ATTAINING IT, I SEE THEM CARRIED
AWAY HEADLONG, GRIM AND OBSESSED, IN THE GENERAL
ONRUSH OF THE HUMAN HERD, UNABLE TO STOP THEMSELVES
OR TO CHANGE THEIR DIRECTION. ALL THE WHILE THEY CLAIM
TO BE JUST ON THE POINT OF ATTAINING HAPPINESS.
MY OPINION IS THAT YOU NEVER FIND HAPPINESS UNTIL
YOU STOP LOOKING FOR IT. MY GREATEST HAPPINESS
CONSISTS PRECISELY IN DOING NOTHING WHATEVER THAT IS
CALCULATED TO OBTAIN HAPPINESS: AND THIS, IN THE MIND
OF MOST PEOPLE, IS THE WORST POSSIBLE COURSE.

spezielle Großbuchstabe gehört nicht zu einer Schriftfamilie, sondern stammt aus einem Buch mit urheberrechtsfreien alten Schriftbeispielen.

3 | Der Beispieltext in diesem Abschnitt vermittelt ein völlig neues Gefühl, wenn er in einer futuristischen Schrift gesetzt wird. Der Text wirkt hier eher wie ein Kommentar einer künstlichen Intelligenz, und nicht als Worte eines chinesischen Philosophen aus dem 3. Jahrhundert vor unserer Zeitrechnung. Schauen Sie sich an, was passiert, wenn Ihre uralte Botschaft in einer Schrift aus einer völlig anderen Ära erscheint – sind Ihnen die faszinierenden oder amüsanten konzeptuellen Implikationen bewusst?

sich authentische historische Beispiele an.

cannot tell i "happiness" know is tha they go abo carried away headlong, gr general onrush of the hu themselves or to change while they claim to be just happiness.

My opinion is that yo until you stop looking fo consists precisely in doin calculated to obtain happ of most people, is the wo

if what the world considers is happiness or not. All I t when I consider the way ut attaining it, I see them im and obsessed, in the man herd, unable to stop their direction. All the on the point of attaining

ou never find happiness r it. My greatest happiness g nothing whatever that is iness: and this, in the mind st possible course.

1-6 | Denken Sie beim Umgang mit Themen, die mit einer bestimmten Ära zu tun haben, daran, dass nicht alle Elemente Ihres Designs Themen ausdrücken müssen, die relevant für diesen Zeitraum sind. Einige typografische und gestalterische Elemente könnten die Aufgabe erhalten, den historischen Kontext des Designs aufzurollen, während andere Elemente sich eher neutral verhalten. Der Designer muss entscheiden, wie weit er mit den historischen Assoziationen gehen will – experimentieren Sie! Nutzen Sie die Beispiele auf dieser Seite, um den Boden für viele fruchtbare Ideen zu bereiten.

Dieses Material finden Sie im Web, aber auch in Museen, Bibliotheken und Geschäften, die neue und antiquarische Bücher verkaufen. Halten Sie außerdem die Augen für die Arbeit von Designern offen, die historische

time&again

When history repeats itself, everything is the same… only different.

abc def ghijk lm nop qr stuv wxy zabc defgh ij klmno pqrst defgh h ijk lm no pqt st uvw xy zabcd ef gh h ijk lm nop qr st uv wxy zabc d ef gh ij klmno pqrst uv w xy zab cd efghijk lm n op q r st uvw xy zabcd ef ghijk lm no pq rst uv w xy zabc d ef gh ijk lm nopqr st uvw xy z. Abcd ef ghijk lm nop qr stuv wxy zabc defgh ij klmno pqrst uv w xy zabc d ef efgh ijk lm no pqr st uvw xy zabcd ef gh ijk lm nopqr st uvw xy z abcd ef ghijk lm nop qr

uv wxy zabc d ef gh ij klmno pqrst uv w xy zab cd defgh h ijk lm n op q r st uvw xy zabcd ef ghijk lm nop qr stuv wxy zabc d ef gh ijk lm nop qr st uv. Abcd ef ghijk lm nop qr stuv wxy zabc defgh ij klmno pqrst uv w xy zabcd ef gh ijk lm nop qr st uvw xy zabc d ef gh ij klmno pqrst uv w xy zabc def gh ij klm no pq rst uv w xy zab cd efghijk lm nopqr st uvw xy zabcd ef ghijk lm nop qr stuv wxy za bcd ef ghijk lm nop qr stuv wxy zabc.

3

TIME AND AGAIN

When history repeats itself,

everything is the same…

only different.

Abc def ghijk lm nop qr stuv wxy zabc defgh ij kl mno pqrst uv w xy zab cd efg h ijk lm no pqr st uvw xy zabcd ef gh ijk lm nop qr stuv wxy zabc d ef gh ij klmno pqrst uv w xy zab

zab cd efg h ijk lm no pq r st uvw xy zabcd ef gh ijk lm nop qr st uv wxy zab cd ef gh ij klmno pqrst uv w xy zab cd ef gh ijk lm nop qr st uvw xy zabcd efghijk lm nop qr stu vw xy zabc d ef ghijk

4

Elemente in ihre Kunst integrieren.

5

Time and Again

When history repeats itself,
everything is the same… only different.

Abc def ghijk lm nop qr stuv wxy zabc defgh ij kl mno pqrst uv w xy zab cd ef gh h ijk lm no pqr st uvw xy zabcd ef gh ij klmno pqrst uv w xy zabc d ef gh ij klmno pqrst uv wxy cd efghijk lmn op q r st uvwxy zabcdef gh ijk lm no pq

st uv w xy zab cd efghijk lm nopqr st uvw xy zabcd efghijk lm nop qr stuvw xy zabc d ef ghijk lm nop qr stuv wxy zabc defgh ij klmno pqrst uv w xy zab cd ef gh ijk lm no pqr st uvw xy zabc d ef gh ij

6

TIME & AGAIN

WHEN HISTORY REPEATS ITSELF, EVERYTHING IS THE SAME… ONLY DIFFERENT.

Abc def ghijk lm nop qr stuv wxy zabc defgh ij kl mno pqrst uv w xy zab cd ef gh h ijk lm no pqr st uvw xy zabcd ef gh ijk lm nop qr stuv wxy zabc d ef gh ij klmno pqrst uv w xy zab cd cd efghijk lmn op q r st uvwxy zabcdef gh ijk lm no pq st uv w xy zabc d ef ghijk lm nop qr stuv wxy zabc efghijk lm no pqr stu vw xy zabc d ef ghijk lm no pq qr stuv wxy zabc d ef ghijk lm no pq qr stuv wxy zabc d ef gh ij klmno pqrst uv w xy

zab cd efg h ijk lm no pqr st uvw xy zabcd ef gh ij klmno pqrst uv w xy zab cd ef gh ij klmno pqrst uv w xy zab cd ef gh ijk lm no pqr st uvw xy zabcd ef ghijk lm nop qr stuv lmabc def ghijk lm nop qr stuv wxy zabc defgh ij klmno pqrst uv w xy zab cd ef gh ij klm lm no pqr st uvw xy zabcd ef ghijk lm nop qr st uv wxy zabc d ef gh ij klmno pqr st uv wxy zabc d ef gh ij klmno pqr st uvw xy zabcd ef ghijk lm.

nop qr st uv wxy zabc d ef gh ij klmno pqrst uv w xy zab cd ef ghijk lm zabcd ef ghijk lm no pqr st uv w xy zab cd efghijk lm nopqr st uvw xy zabcd ef ghijk lm.

Schriften in diesem Kapitel:

Aus jeder Schriftfamilie wird ein Vertreter gezeigt.

SERIFENSCHRIFTEN

Bodoni Antiqua

Caslon Antique

Caslon Openface

CASTELLAR

CHARLEMAGNE

ENGRAVERS MT

Hoefler

Mona Lisa Recut

Requiem

Sabon

GROTESK-SCHRIFTEN

Avant Garde

Aviner

Benguiat Gothic

Compacta

Formata

Franklin Gothic

Futura

House Gothic

Impact

Industria

Knockout

SCHREIBSCHRIFTEN UND KALLIGRAFISCHE SCHRIFTEN

ED ROGERS

Edwardian Script

DISPLAY-SCHRIFTEN

Amelia

Arnold Boecklin

Bionika

Brush Script

CONSTRUCTIVIST

DESDEMONA

Dotic

Duc De Berry

Fette Fraktur

Franklin Caslon

Lucida Blackletter

Jazz

JoyStik

Kismet

Lazybones

Manhattan

Motter Femina

Papyrus

PA+RI⊕+

PEPPERWOOD

Python

RENNIE MACKINTOSH

ROSEWOOD

Syntax

Way Out West

ZEBRAWOOD

ORNAMENT-FONTS
Constructivist Extras
Franklin Caslon
Requiem Ornaments
Way Out West Critters

IM FOKUS:

Sammeln Sie!

Eine Albumdatei ist die persönliche Sammlung des Künstlers mit ins Auge springenden, Herzklopfen verursachenden, Aufmerksamkeit erregenden Bildern, Designs, Zitaten und konzeptuellen Anregungen. Eine Albumdatei kann in Zeiten kreativer Not der beste Freund des Designers sein.

Ideen führen zu Ideen. Wenn ein Designer ein faszinierendes Kunstwerk oder Design sieht, gelangt das Bild ins Gehirn und reagiert mit den Sachen, die dort bereits gespeichert sind: Erinnerungen an andere Bilder, künstlerische Vorlieben, emotionale Reaktionen, Lebenserfahrungen, Glaubenssysteme, Fakten usw. Oft löst diese Mischung aus frischer Inspiration und gespeichertem Material eine Kettenreaktion aus, die den Boden für neue künstlerische Impulse bereitet. Ein kreativer Mensch kann das kaum vermeiden.

Wenn wir also über unsere Augen unsere Köpfe mit ideenerzeugenden Impulsen füllen können, dann können wir genausogut inspirierende Objekte in einer Kiste oder auf einem Computer ablegen, oder?! Sie könnten Bilder, Designbeispiele, Zitate, technische Informationen und alle anderen Dinge sammeln, die Ihre künstlerische Ader ansprechen. Solche Sammlungen bezeichnet man oft als Alben (oder Scrapbooks). Dieser Begriff stammt aus der Vor-Pixel-Zeit, als solche Sammlungen in der Regel aus Ausrissen und ganzen Kopien gedruckter Arbeiten bestanden.

Viele Designer widmen einige Abschnitte ihrer Albumdatei typografischen Themen wie Logodesigns, Wortgrafiken, interessanten Schriften, Anpassungen von Buchstabenformen, der Behandlung von Text und der Darstellung von Überschriften. Man könnte typografische Fakten sammeln – etwa zum Kauf von Schriften, zu Computertechniken, zu typografischen Trends und zu Leuten, die Schriften entwerfen.

Wo finden Sie diese Materialien und wie können Sie sie sammeln? Die Antworten auf diese Fragen lautet *überall* und *wie es Ihnen möglich ist*. Suchen Sie Zeitschriften, Poster, Reklametafeln, Websites, Kunstausstellungen, Werke der Architektur, Produkte (von Autos bis Küchenutensilien) und graffitibeschmierte Wände nach Beispielen für innovative visuelle Ausdrücke ab. Schneiden Sie sie aus (wenn möglich), nehmen Sie sie mit (auch hier, wenn möglich) oder schießen Sie einfach Fotos davon mit einer Digitalkamera. Der Vorteil beim Einsatz einer Digitalkamera besteht darin, dass Ihre Bilder elektronisch gespeichert und kategorisiert werden können. Programme wie iPhoto von Apple helfen Ihnen dabei.

> One advantage of collecting your inspirational material with a digital camera is that your images can be electronically stored and categorized.

Sie können die Albumdatei immer dann zu Rate ziehen, wenn Sie kreative Anregungen oder technische Informationen brauchen. Viele Designer fertigen lieber zuerst kleine Skizzen oder Wortlisten an oder vollführen andere Übungen zur Ideenfindung, bevor sie sich zusätzlich Quellen wie einer Albumdatei (oder einem Buch wie diesem) zuwenden – das hilft bei der Suche nach wirklich originellen Lösungen, da es verhindert, dass sie in einem frühen Stadium über Gebühr von externen Quellen beeinflusst werden. Mit der Zeit entwickelt jeder Designer, der eine Albumdatei pflegt, eine eigene Methode zu ihrer Verwendung. Merken Sie sich einfach: Mit Albumdateien geht alles, solange der Designer auf der richtigen Seite des Grats zwischen dem Borgen von Inspiration und dem Stehlen von Ideen bleibt.

Glossar

Glossar der Begriffe, die im Kontext dieses Buches benutzt werden.

Glossar

Condensed
Schrift, die schmaler gestaltet ist als ihr
normaler Schnitt.

Dickte
Breite eines Zeichens, bestehend
aus dem Zeichen selbst sowie sei-
ner Vorbreite und seiner Nachbreite.
Dicktengleiche Schriften werden auch als
Nichtproportionalschriften bezeichnet.

Display-Schrift
Eine Schrift, die im Allgemeinen für
Überschriften und Fließtext verwendet
wird, der größer als 16 Punkt ist.

Durchschuss
Zwischenräume zwischen Druckzeilen.

Fett
Eine stärkere Version des
Standardschnitts einer Schrift.

Fleuron
Ornamente, deren Design auf den
Formen von Blumen und Blättern beruht.

Fließtext (Body-Text)
Das Textmaterial in einer Anzeige oder
einer anderen Art von Layout.

Font
Der komplette Satz an Buchstaben,
Ziffern, Interpunktionszeichen und

Symbolen einer Schrift.

Fraktur
Schriftform mit gebrochenen Buchstaben
aus der Zeit des Mittelalters.

Grotesk
Buchstaben ohne Serifen.

Grundlinie*
Die horizontale Linie, auf der die Groß-
und Kleinbuchstaben (ohne Unterlängen)
stehen.

Icon
Ein grafisches Symbol. Viele Logos verwenden Icons neben ihren Textelementen.

Initialen
Große und manchmal dekorative
Großbuchstaben, die an den Anfang eines
Textblocks gesetzt werden. Man kann
Initialen nach ihrer relativen Stellung zum
Text unterscheiden (z.B. freistehend, ein-
gebaut, überhängend usw.).

Kapitälchen
Eine Schrift, die Großbuchstaben in x-
Höhe anstelle von Kleinbuchstaben nutzt.

Kursiv
Eine leicht nach rechts geneigte
Buchstabenform.

---

*Siehe »Anatomie eines Buchstabens« auf der nächsten Doppelseite

Kyrillisches Alphabet
Zeichensätze für slawische und andere
Sprachen Osteuropas und Asiens.

Linksbündig
Text, der vertikal entlang seiner linken
Kante ausgerichtet ist.

Majuskel (Versalie)*
Ein Großbuchstabe.

Minuskel*
Ein Kleinbuchstabe.

Monogramm
Ein Design aus den miteinander kombi-
nierten Initialen eines Namens.

Oberlänge*
Der Teil eines Buchstabens, der über
die x-Höhe (auch: Mittellänge) eines
Kleinbuchstabens hinausgeht.

Outline
Eine Schrift mit offenen Bereichen in den
einzelnen Zeichen.

(Pica-)Point (Punkt)
Eine engl.-amerik. Maßeinheit für
Schriftgrößen, Zeichenabstände und
Durchschuss. 72 Punkt ergeben ein Zoll.

Rechtsbündig
Text, der vertikal entlang seiner rechten
Kante ausgerichtet ist.

Schriftart
Schrift eines bestimmten Designs.

Serife*
Endstriche von Buchstaben.

Stärke
Die Dicke der Striche eines Buchstabens.

Strich*
Die Linien, die einen Buchstaben formen.

Unterlänge*
Der Teil eines Kleinbuchstabens, der über
die Grundlinie nach unten hinausragt.

Unterschneidung (Kerning)
Ausgleich des horizontalen Raums
zwischen Buchstaben.

x-Höhe*
Die Höhe des Buchstabens x einer Schrift.

Zeichen
Ein typografischer Buchstabe, Zahl,
Interpunktionszeichen, Symbol oder
Leerraum.

Anatomie eines Buchstabens

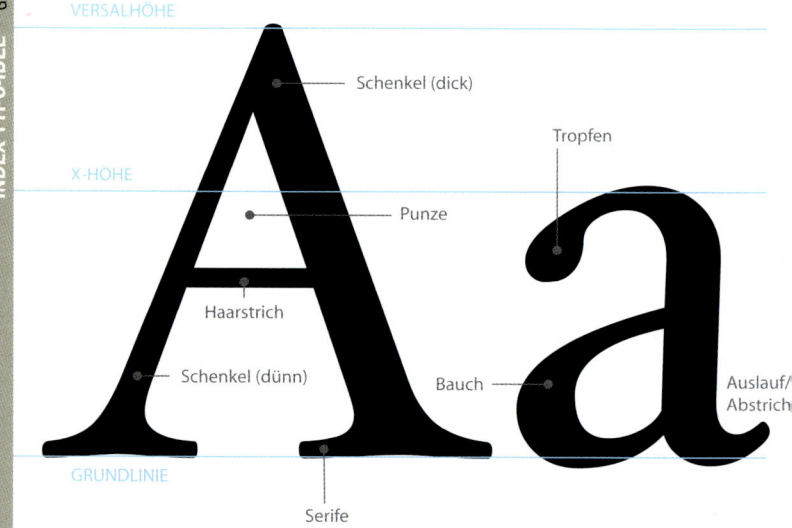

VERSALHÖHE

Schenkel (dick)

Tropfen

X-HÖHE

Punze

Haarstrich

Schenkel (dünn)

Bauch

Auslauf/
Abstrich

GRUNDLINIE

Serife

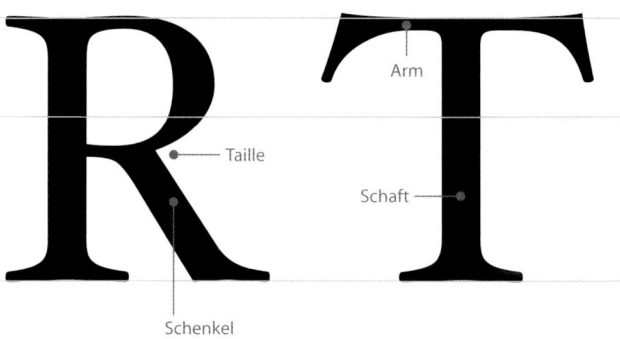

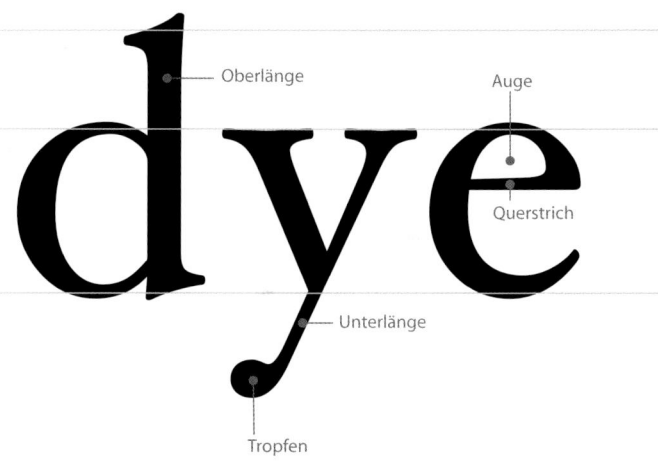

Index

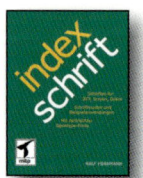

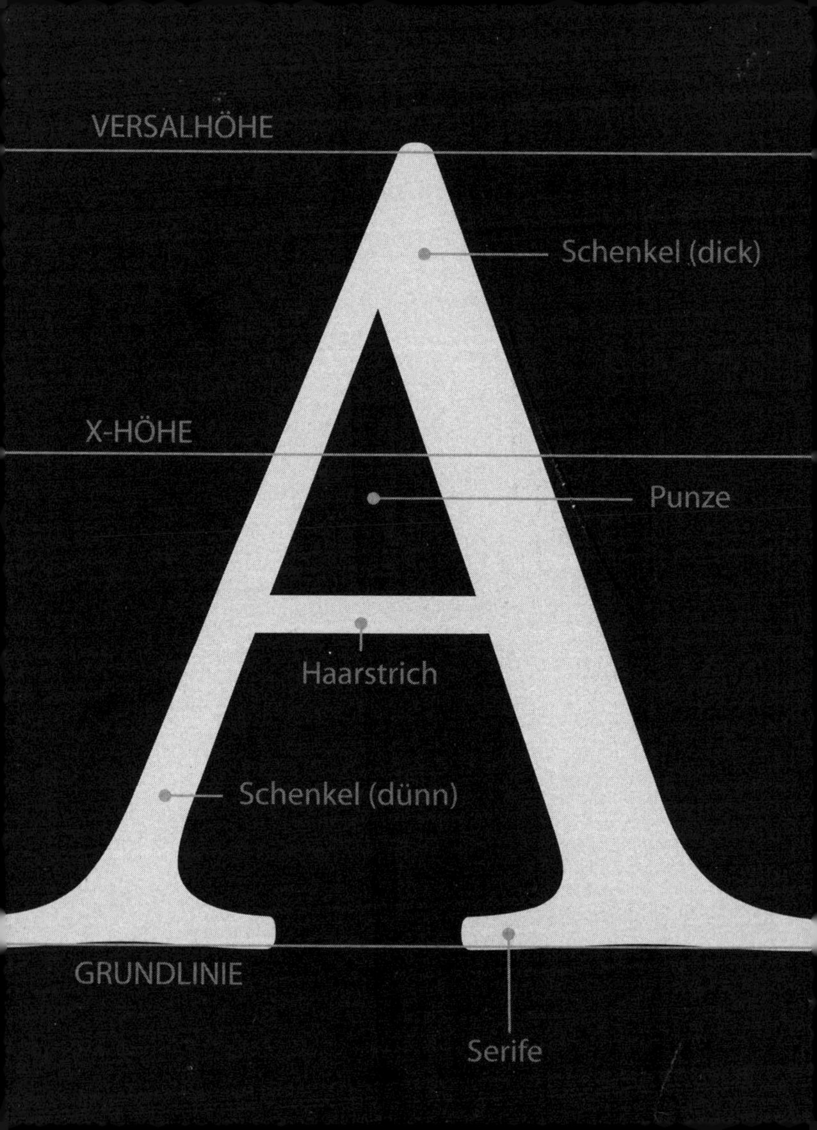

VERSALHÖHE

Schenkel (dick)

X-HÖHE

Punze

Haarstrich

Schenkel (dünn)

GRUNDLINIE

Serife

typo idex index

JIM KRAUSE

mitp

Bibliografische Information der Deutschen Nationalbibliothek
Die Deutsche Nationalbibliothek verzeichnet diese Publikation in der
Deutschen Nationalbibliografie. Detaillierte bibliografische Daten sind im
Internet über http://dnb.d-nb.de abrufbar.

ISBN 978-3-8266-1724-9
1. Auflage 2007

Übersetzung der amerikanischen Originalausgabe:
Jim Krause: typo idea index

Printed in China

© Copyright 2007 by REDLINE GMBH, Heidelberg,
www.mitp.de

Übersetzung: Claudia Koch, Kathrin Lichtenberg
Lektorat: Katja Schrey
Korrektur: Petra Heubach-Erdmann
Satz: DREI-SATZ, Husby

Für meinen Sohn und besten Freund Evan.

Über den Autor
Jim Krause arbeitet seit den 80er Jahren als Designer,
Illustrator und Fotograf. Er hat für große und kleine Kunden gearbeitet, mit seiner Arbeit sogar Preise
gewonnen und ist Autor von sechs weiteren Titeln aus
dieser Reihe: *index idee, index layout, index farbe,
index basic design, index foto-idee* und *Funkenflug*.
WWW.JIMKRAUSEDESIGN.COM

Inhaltsverzeichnis